快读慢活

陪 伴 女 性 终 身 成 长

高财商女子养成术

[日] 大竹乃梨子 著

刘力玮 译

江苏凤凰文艺出版社
JIANGSU PHOENIX LITERATURE AND
ART PUBLISHING

被金钱青睐的人都深谙理财之道

"想成为自己仰慕的那种人。"

"想去旅游，休养身心。"

"想打扮得漂漂亮亮地去聚餐。"

"购物的时候不想再纠结价格。"

"想消除对未来的不安。"

"想挑战一下自己真正喜欢的工作。"

……

大家心里应该都有过这些想法吧。然而，无论想要做些什么，一旦和钱扯上关系，难免会犹豫不决或心生不快，无法随心所欲地享受当下。

当生活遇到困难时，金钱可以帮助我们渡过难关。

对未来心生焦虑时，金钱可以消除我们的烦恼。

开始尝试新事物时，金钱是我们坚实的后盾。

当别人遭遇苦难时，金钱是助人为乐的法宝。

金钱，对于我们的生活十分重要。

有人觉得"不用太过考虑钱的事""快乐地生活和钱没关系"……与其像这样逃避金钱的话题，不如和金钱成为伙伴，借助金钱享受自己想要的生活。

金钱，还能够真实地反映出一个"人"。

有的人聚餐结账时和朋友采用 AA 制，友情就变得淡薄了；有的人被借了钱的朋友背叛；有的人对自己的钱斤斤计较，花别人的钱却大手大脚；有的人因为金钱观不一样而分手；有的人想用金钱收买别人……

有的人觉得能够用饱含爱的方式为别人花钱的人是光彩照人的；有的人以拥有自己过着并不奢华的生活却会用心给朋友挑一份礼物的好友而开心；有的人觉得认真记账、踏实过日子的人让人放心；有的人认为能够好好地管理公司经费的人值得依靠；有的人觉得与金钱观相近的人做朋友会更长久……

使用金钱的方法实际上反映了一个人真实的品格。

拥有美好金钱习惯的人，被众人喜爱，身边也有很多保持着同样美好金钱习惯的朋友。

而这一切都与金钱的使用方法息息相关。

金钱，是反映你自己的一面镜子。

若是抱着这样的想法与金钱打交道，就能够清楚地明白一个人为了活出自我需要养成哪些习惯。

人这一生没有钱是万万不能的。然而，金钱的话题很少被谈及。学校的课本上、家庭的教育中，也很少会出现学习如何赚钱的机会。

我在本书中为大家介绍了 26 个美好的小习惯，仅仅是将它们融入日常生活中，就能掌握被钱宠爱的方法，让你不再为存不下钱而发愁。

掌握了这些理财术之后，每天你都会有新的发现。如果周围的朋友也都懂得灵活运用生钱之术，你的生活将会变得更加幸福、快乐。

这些美好的小习惯能够立刻改变你的明天。

你打算在以后的日子里，尝试哪种方法呢？

从你力所能及的事情开始，逐个尝试吧。

目录

第三部分 女人该如何提升自己

第四部分　女人该如何扩展自己的
人生轴与金钱轴

第一部分

女人该如何爱惜自己

习惯 1

早晨醒来，
为自己沏上一杯美味的茶

　　试着回想一下今天早晨醒来的那一瞬间。起床之后，你首先会做些什么来迎接新的一天呢？

　　也许很多人觉得早上时间非常匆忙，又要洗漱打扮，又要吃早饭，忙得心急火燎，哪有时间做些额外的事情。不过，正是因为早晨如此忙碌，我才更希望大家能养成一个新习惯。

　　那就是留出一些时间，为自己沏上一杯美味的好茶，细细品味。

　　这其实是提高"金钱修养"十分重要的第一步。

　　克服早晨不想起床的习惯，从试着每天早起 10 分钟开始。然后播放自己喜欢的音乐，到厨房烧一壶开水，在茶壶中放入一些茶叶，为自己沏上一壶美味的早茶。至于茶的种类，可以是红茶、花草茶或风味茶。当然，咖啡也可以。总之，只要是自己喜欢的就可以。

将开水倒入茶壶中，等待茶叶慢慢舒展开来，整个房间茶香四溢，便可以悠闲地享用美味的早茶了。如果可以的话，挑选一个自己喜欢的茶杯。好好地享用一杯早茶后，再开始洗脸、化妆、准备早饭、叫醒家人等日常准备活动。

有人可能会觉得不可思议：喝茶和金钱修养有什么关系呢？事实上，早晨品茶对于提高一个人的金钱修养，有以下几种作用。

首先，<u>通过品茶在生活中创造宽裕的时间，我们的心中也会生出一种从容之感。</u>

如果生活总是忙忙碌碌，脑海中充斥着的都是 10 分钟后要做什么，30 分钟后要做什么，"生活的时间轴"就会缩短。也就是说，如此一来人会只在乎眼前的事情。而从长远的眼光来认清事物的思考能力，则会逐渐衰退。

意识到这个"时间轴"，对于提高金钱修养是十分重要的。有些人仅考虑眼前，将资金周期设定为 1 天后、1 周后、1 个月后……对于他们来说，构建起能在 10 年后、20 年后为他们带来幸福的长效资金周期，是很困难的一件事。

与之相反，能够从较长的时间轴来考虑金钱问题的人，善于借助时间，活用自己手头的资金，并能收获更多的财富。

在忙碌的早晨，尽量创造出宽裕的时间，这便是延长时间轴的一门功课。哪怕只是10分钟，只要养成习惯，专注沉浸于那份闲适中，你的"金钱轴和时间轴"就会发生改变。

早晨的品茶时光，是为了让我们感受到内心的从容，它还能够锻炼我们"珍惜自我的感觉"。

一杯喜欢的茶，配上一只珍爱的茶杯。在不被任何人打扰的早晨，悠然自得地享受那份平静中的时光。

对于爱钱，同时也被金钱"宠爱"的女性来说，她们很清楚"自己被满足的感觉"。她们不会被社会上一时的潮流所左右，更不会人云亦云，随波逐流。她们知道自己有一个不会轻易动摇的"获取满足感的标准"。

能使自己满足的东西究竟是什么？需要买多少才足够呢？如果清楚这些问题的答案，就不会养成过度消费的习惯。

有一种感觉，是让自己真正得到满足感。为了锻炼这种感觉，养成享受专属于自己舒适时间的习惯非常重要。而最贴近我们生活且任何人都可以轻松实践的，便是早晨的品茶时光了。而且，基本上不需要太多花费，就可以收获这份奢侈的时光。

即便是高级一些的茶叶，其价格也是可以接受的。因为若是换算成每一杯茶的价格，市售的瓶装茶饮可能反而会更贵一些。这样来看，其实是用最低的投资成本"满足自己"，可谓是一种性价比非常高的投资习惯。

正因为茶叶价格比较适中，所以就算多尝试几次，摸索并选择自己喜欢的口味的茶叶，也不会带来太大的损失。"下次试着买些北欧的浆果茶吧。"像这样，尝试各种各样的新花样也很有意思。还可以为探寻满足自己的标准积攒经验，具有十分积极的意义。

不用花太多钱，就可以体会到"购买使自己满足的物品"的感觉。花钱张弛有度，也是提高金钱修养不可或缺的一种意识。

我非常喜欢喝"绿碧茶园（LUPICIA）"这个品牌的风味茶。最近我又喜欢上了一款以乌龙茶为基底茶，添加了白桃风味的"白桃乌龙茶"。仅是闻到茶香，就会觉得十分放松。

当然，茶并不是唯一的选择。有的人对自己每天喝的"水"非常讲究。有位朋友很喜欢口感柔和的软水，在试过很多种水之后，终于找到了最适合自己的优质好水。

朋友告诉我："每当我喝水的时候，就会觉得，啊，实在是太好喝了，心中也多了一份从容。一瓶水250日元，每天一瓶，这样下来，一个月需要花7500日元（约合人民币480元），但我却觉得物超所值。"

之所以推荐大家在早晨享受品茶时光，也是有原因的。一日之计在于晨，在早晨调整好精神状态，也会给接下来一整天的心情带来积极影响。

对于无论如何也做不到早起的人，也可以将这段时间留在晚上。睡前喝上一杯助眠的花草茶，也十分惬意。若是喜欢酒的人，也可以品一杯葡萄酒。

有的人只喝饮品会觉得肚子胀，不太舒服。那么，也可以将喝东西以外的事情作为一种习惯。比如说，在浴缸中放入自己喜欢的浴盐，享受自己的"入浴时光"，也是一种不错的选择。

总之，在匆忙的生活中稍稍放慢脚步，每天留出一些独处的时间，是非常重要的。

没错，是每天。每天微小的积累，一个月后就是一个月的份额，一年过后就是一年的份额。这些小小的份额不断累积，就会与一生的"舒适生活感"密不可分。

每天，为了愉悦自己，为自己创造些许属于自己的奢侈时光吧。

就从明天早晨开始，试一试吧！

习惯 2

活用走路时间，实现自我管理

上下班、购物等行为，在无形之中增加了我们的"走路时间"。试着将这些时间转换为具体的数字，量化你的"走路时长"。

举个例子，假设你从家到地铁站步行需 15 分钟，下车后还需步行 5 分钟到达工作单位，那么上班就需要走 20 分钟，上下班合计花费 40 分钟。按每月出勤 20 天来计算，一个月需要花费 800 分钟。也就是说，每个月有超过 13 个小时被用在了"走路"上。如果算上其他活动，用在走路上的时间还会更多。

若是在这些时间里什么都不做，不就虚度光阴了吗？

所以，我想告诉大家的第二个习惯就是养成充分利用"走路时间"的习惯。有效活用走路时间，使其成为磨砺自我的时间。

为此，我们要做到以下两步。

第一步，停止那些无意中分割我们时间的"无价值行为"。

最近，街上越来越多的人沦为了"低头一族"，在路口等红绿灯的时候都要看几眼手机。甚至有的人在走路的时候眼睛也一刻不离手机。这些行为都是非常危险的。

那么，究竟是什么事情需要他们冒这么大的风险呢？后来我注意到，无非就是回复一些并不紧急的消息，或是看看娱乐新闻、玩玩游戏而已，称不上是有价值的事情。

在这个信息爆炸的时代，很多人都经不起烦杂信息的诱惑，他们的时间自然也就悄无声息地溜走了。

时间就是金钱。珍惜时间，是提高财商的必备条件。你可以问问自己：我现在使用时间的方式，是否使我获得了相应价值的回报？心里应常有这种意识，严格地检查自己。

关于如何能够更好地与信息打交道这一问题，我会在习惯 17 中进行详细介绍。

如若自己有一些无意识持续的"无价值行为"，首先要试着给这些行为习惯"瘦瘦身",一点一点克服。可以为自己制定一些规则,比如,从家去地铁站的路上不看手机。当然,如果在通勤过程中有必须查看的重要信息,则另当别论。

停下某件一直在做的事情后,便能拥有一些空闲时间。那么,在这段时间里要做些什么呢?有意识地做个计划来考虑一下这个问题。这便是我想告诉大家的第二步。

我们可以利用空闲时间整理一下"当日任务"。比如,在去地铁站的路上,可以在脑海中大致构思一下一天中必须要做的事情,或者是自己想做的事情。然后再考虑一下,在这些事情当中,必须最先做的事情是什么。按照紧急和重要程度依次给它们排个序,到了地铁站就可以将自己刚刚在脑海中整理出来的顺序记在记事本或手机备忘录里。

这样一来,从家到地铁站步行的 15 分钟时间,就被灵活地转换为"整理当日任务"的时间了,非常有意义。而且这种转换不需要特意挤出时间,在走路的过程中就能顺便完成。这种"顺便之举"就是一种非常聪明的活用时间法。

我也在亲身实践这种方法，我会在走路的同时进行锻炼。仔细想来，走路的时间也是一天中非常宝贵的运动时间。反正都要走路，不如采取一种能够锻炼身体的走路方式。每周我都会参加一次"加压训练"，后来在走路的同时，我会回想一下锻炼肌肉的要点，并将其付诸实践。相比于把包包背在肩上，我会尽量用手拎着，走路时有意识地夹紧双臂，前后摆动……

　　这些可能只是我做出的细微努力，但是如果将其视为每天的必做事项来进行，一点一滴的积累就会带来实实在在的效果。

　　此外，养成每天"顺便运动"的习惯，从金钱层面来看也有很多好处。如果我们把它视为去健身房锻炼的替代方式，就可以轻轻松松省下办理健身卡的费用。假设健身房每个月的会费是 8000 日元（约合人民币 512 元），一年就可以省下近 10 万日元（约合人民币 6400 元）。而且更重要的一点是，我们在上下班的时间段里进行运动，既省钱又省时。省下的时间和金钱可以用于其他个人投资。

　　这种"顺便运动"随时都可以开始，大家不妨试一试吧！

习惯 3

了解物品的成本，
将包里的物品控制在 7 件以内

"可以让我看一下你的包里都装了些什么吗？"如果突然有人这样问你，你会怎么做呢？

相信只有少部分人会立刻爽快地回答："可以啊！"然后迅速拿出包里的物品展示给对方看。大多数女性应该都会觉得有些不好意思。"嗯……包里放了些什么东西来着？啊！怎么连这个都放进来了……"像这样，很多人虽然愿意给对方看，却连自己都不太清楚包里究竟放了些什么。

财商高的女性，包里是很精简的。这里的精简，指的是包里的东西数量很少。

为什么说包里东西少的人，都是具备高财商的人呢？那是因为能够努力减少随身物品数量的人，对物品的成本都是非常敏锐的。

提到物品的成本，你可能会立刻想到一件物品作为商品的销售价格。其实，物品被买回家之后，仍然会产生成本消耗。

物品被买回家之后会产生两种成本。即物品占用的空间成本和所需要的维护成本。

我以购物为例来进行详细解释。

物品被买回家后，存放物品所需要的空间与房租就发生了密切联系。

在遇到生活日用品降价或因其他原因价格上涨时，人们总会想着要囤货。特别是现在，网上购物非常便利，根本不需要自己费力把东西搬回家。出于这种心理，我们在购物的时候经常都不会考虑物品的重量和大小，看到组合销售的商品也不会太纠结，随随便便就下单了。

但是，请先冷静下来，在心里算一笔账。假设超市的卫生纸促销，1 提 12 卷，一下子买回 3 提。看起来似乎是每提都便宜了几块钱，但在全部用完之前，它们占用的空间是非常大的。

你是否想过：那些虽然暂时用不上，但还是先买了囤着的物品加在一起，究竟占用了多少空间？假设将住宅总面积十分之一的空间用作仓库储存物品。在东京，人均房租大约在 7 万日元（约合人民币 4480 元）。以这个平均价格为准，每个月要为了这些囤积的物品花费约 7000 日元（约合人民币 448 元），一年甚至需要花费近 84000 日元（约合人民币 5376 元）。如果一直保持这种购物习惯，10 年就要花上 84 万日元（约合人民币 53760 元）!

比起买的时候觉得便宜实惠而省下来的钱，相信大家现在已经能够清楚地了解，储存它们需要花费的空间成本有多高了。

除此之外，请不要忘记，我们把物品买回家后还需要花费时间和精力对它们进行维护。

以最近人气很高的凝胶美甲为例。这种美甲能够维持 3 ~ 4 周，深受女性喜爱。然而，若非心灵手巧之人，很难涂出自己想要的效果，为此还需要准备各种各样的工具。而且这种指甲油自己无法卸掉，只能去美甲店处理。尽管每家店的价格不同，我们以每次美甲费用在 7000 日元（约合人民币 448 元）左右来计算，假设每三周去一次，那么一年的花费就将近 12 万日元（约合人民币 7680 元）。

如果能重新审视一下物品买回家后的成本，自然而然就会萌发出只购买必需品的意识。这与近几年备受瞩目的"极简主义"（保留最低限度物品的生活方式）的生活方式也有共通之处。

不局限于眼前的利益，注意到物品的隐形成本后再做出合理的选择。一个人若能养成这种思维习惯，财商也会随之提高。

时刻提醒自己，把要做的事情简单化，不要添置过多的东西。

想要入门提升财商这堂功课，我们可以从每天都要使用的包里的物品切入。

精简物品能够为我们带来很多价值。首先，能够减少一些不必要的行为。我们可以轻松地找到需要的物品。如果下定决心想要做什么事情也可以立刻投身其中，不会再因为找东西而浪费过多的时间，这些省下的时间也可以用来做真正想做的事情。

我通过观察身边的人渐渐确信：包里物品精简的人，不仅家里收拾得十分整洁，为人处世也是干脆利落，不会有多余的顾虑，对待金钱的态度更是如此。

那么，如何减少包里物品的数量呢？接下来，以我个人为例，向大家详细介绍一下。大家可以根据自己的实际情况，精简包里的物品。

近来，很多物品都可以轻松实现功能一体化，这也为我们的生活带来了极大的便利。比如，智能手机集多种功能于一体，有了智能手机，我们可以不用再随身携带便签本、记事本；信用卡具有定期卡[1]的功能，钱包里只需装一张信用卡就足够了……把这些功能重合的物品进行合并，下定决心将包里的物品控制在 7 件以内，具体的物品清单如下：

· 钱包（含信用卡）

· 智能手机（具有记事本和便签本的功能）

· 化妆包（纸巾也放在这里）

· 手帕

· 笔

· 钥匙

要点就是将功能相近的物品进行合并，进而减少物品的数量。每减少一件物品，就请表扬一下自己：我的财商得到了锻炼！

---

1 日本人乘坐交通工具使用的月票。——编者注

写下你包里装的物品。

⃝ ＿＿＿＿＿	⃝ ＿＿＿＿＿
⃝ ＿＿＿＿＿	⃝ ＿＿＿＿＿
⃝ ＿＿＿＿＿	⃝ ＿＿＿＿＿
⃝ ＿＿＿＿＿	⃝ ＿＿＿＿＿
⃝ ＿＿＿＿＿	⃝ ＿＿＿＿＿
⃝ ＿＿＿＿＿	⃝ ＿＿＿＿＿
⃝ ＿＿＿＿＿	⃝ ＿＿＿＿＿

确认一下，其中有没有可以拿出去的物品，或者集某些功能于一体的物品。

图1　减少物品的学问

　　我很喜欢用那种集黑色笔、红色笔、自动铅笔于一体的多功能笔。不论是用黑色笔签字、红色笔校对，还是用铅笔做笔记，只需要这一支笔就可以满足日常生活中所有的书写需求。所以在买东西的时候，请积极地挑选一些具备多种功能的物品吧。

也许你已经发现了，前文只列举了6件物品，那么最后一件是什么呢？

我想向大家推荐的最后一件物品是——书。

挑选一本能够为你提供高质量信息的书，放在随身携带的包里。

在我看来，乘坐交通工具时，比起用玩手机来消磨时光，从包里拿出一本书来翻阅不仅更具有美感，也更有价值。有关接触高质量信息这种习惯的具体价值，我会在后文进行详细介绍。

从今天开始，试着只在随身包里放上最低限度的必需品和能够修炼自我的书籍。如此一来，就能够切实地提高自己的生活品位。

习惯 4

试想自己一年后的样子，
再决定今天的午餐

　　说到这里相信大家已经渐渐明白，每天的生活习惯
与提高一个人的财商息息相关。

　　现在，让我们来考虑一下"午餐时间"。

　　众人皆知，民以食为天。吃饭和睡觉一样，是我们
每天必须要做的事情。除了那些因为种种原因不吃午餐
的人，大多数人都会为了午餐花费不少时间和金钱。

　　那么，如果我问大家，有助于提高我们财商的午
餐习惯是怎样的呢？相信有些女性朋友会回答："我知
道！努力节约就可以了嘛。"

　　对于这个问题，不少人首先会想到的是设法减少开
支。比如认真地在网上搜索午餐的优惠信息，或者每天
勤勤恳恳地自己做午餐。事实上，还有其他能够提高财
商的方法。

　　说到提高财商，我想直接告诉大家一句话，希望大

家从今天起能够铭记——吃饭是一种投资。

所谓投资，是指为了能够在未来获取收益，投入一定的金钱和时间。

"吃饭是一种投资。"这句话背后隐藏着这样一则信息：要让吃饭变成一件对自己的未来有益的行为。

吃饭能使我们汲取两种营养。

第一种是身体营养。摄取优质食材，维持营养均衡，有助于以后的身体健康。身体健康不仅能够省下医药费，还可以让你元气满满，工作效率更高，获得更加稳定的收入。

吃饭还能使我们汲取心灵营养。"能够吃到这些美味的食物实在是太开心了，下午也要继续加油！"好好吃午餐能让人心中多一份从容。在喜欢的餐厅里欣赏窗外的风景，与店员畅谈今日见闻，和共进午餐的人收获更加深厚的感情……午餐时间能够为我们带来诸多收获。

这是一种通过接触美好事物磨炼感性力的投资，也是与重要的人进行愉快交流的投资。若能像这样重新考虑一下午餐时间的性质，你今天的午餐计划会不会有所改变呢？

想象一下自己一年后想要成为的样子，然后试着将午餐时间作为实现理想的一个步骤。

倘若希望自己能够负责海外项目，或许可以去外国客人经常光顾的餐厅体验一下。

如果希望和隔壁部门的某位同事一起工作，就可以找一家对方可能会喜欢的餐厅，邀请对方一起用餐，这样或许就会有新的领悟。

仅仅将每天的午餐时间当作填饱肚子的时间，和将午餐时间与个人今后的成长联系起来，这两种做法会带来截然不同的结果。午餐是一个人每天都会重复的习惯，正因如此，你对它的定位会在很大程度上影响你的未来。

有意识地为人与人之间的缘分和人际交往进行充分的投资，是非常重要的。

与那些能够给予你动力使你成为理想中的自己的人、能够为你的成长指引方向的过来人、想竭尽自己所能帮助别人的人、你心中想要成为的那个人进行积极的沟通，就是在成长道路上对自己进行的巨大投资。

午休时间有限，往往不会占用对方太多时间，这是午餐时间的一大优势。若是在午餐这个时间段里邀请别人，哪怕对方很忙，能空出时间的概率也会高很多。

另外，灵活利用午餐时间的另一大好处是能够以优惠的价格享用食物。很多平常咬咬牙才会去的高级餐厅，大多会在午餐时间段提供价格实惠的套餐。

最近，我和同事去了事务所附近的一家高级寿司店。这家店晚上来吃的话需要花费 2 万多日元（约合人民币 1280 元），而午餐的套餐却只需要 3000 日元（约合人民币 192 元），还是最上等的吧台位，可谓是物超所值。

只需花费少量的时间和金钱，就可以收获显著的效果，这就是午餐时间的魅力。

控制自己每天的浪费行为是十分重要的，但如果过度向身边人强调自己午餐吃得很节省的话，以后邀请你的人可能会越来越少。仅仅为了眼前的节约而失去本该得到的大好机遇和成长机会，实属可惜。午餐时间不仅可以增进人与人之间的交流，还能丰富个人内涵，培养个人感性力。

我有一个朋友是企业管理人员。她在年轻的时候，还不是十分有钱。但在那时，她就把去高级餐厅吃早餐和午餐当成一种习惯。在那里，舒适的氛围仿佛能让时间慢下来，耳边还能听到诸多商务精英人士的对话。这位朋友说："在我看来，吃饭的时间是一种投资，它能够使我置身于向往的环境中来提升自己的感性力。"

虽说如此，也不能每天都肆意挥霍吧？所以，还必须具有一种意识，既能灵活运用午餐时间使其成为一种投资，还要避免过度消费。

将"收入的 20%"用于自我投资是一个非常不错的方法。

如果把每个月的实际收入看作"10"，我推荐大家以 2∶6∶2 的比例来分配自己的支出，其中存款占20%，生活费占60%，自我投资占20%。

也就是说，假设每月实际收入为 20 万日元（约合人民币 12800 元），按这种方法来分配的话，每月存款4 万日元（约合人民币 2560 元），拿出 12 万日元（约合人民币 7680 元）做生活费，剩下的 4 万日元（约合人民币 2560 元）则用于自我投资。大家可以根据自己每月的实际收入，按照这个比例分配。

生活费是维持生活所需的最低限度的必要消费，自我投资则是为了自己今后的成长。

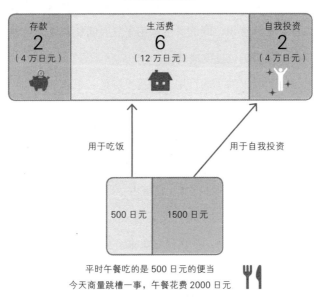

月收入 20 万日元

| 存款
2
（4 万日元） | 生活费
6
（12 万日元） | 自我投资
2
（4 万日元） |

用于吃饭

用于自我投资

| 500 日元 | 1500 日元 |

平时午餐吃的是 500 日元的便当
今天商量跳槽一事，午餐花费 2000 日元

图 2 自我投资的方法

关键是将午餐支出分为"最低限度的必要消费"与"为了自己今后成长所进行的消费"两类支出，并将其计算出来。

举个例子，平时午餐吃便当，平均每天 500 日元（约合人民币 32 元）。今天为了和别人聊一聊自己工作上的事，去了一家意大利风味餐厅，花了 2000 日元（约合人民币 128 元）。那么就可以把午餐所需的最低金额 500 日元算作生活费，多出来的 1500 日元看作是"为了自己今后的成长"而进行的投资费用。

就如上文所述，假如每月的实际收入为 20 万日元（约合人民币 12800 元），那么每月最多可用 4 万日元（约合人民币 2560 元）进行自我投资。如果我们给自己定一个规矩，要求每个月除了午餐以外，用于自我投资（包括购书和学习等）的花费在 4 万日元（约合人民币 2560 元）以内，就可以防止过度消费。

为了提高自我投资的成功率，有必要对投资的结果进行复盘。如果享用了投资午餐，一周后请回顾一下，问一问自己：那次午餐为我带来了什么好处呢？

哪怕只是发生了微小的积极变化，你的投资也是成功的。当然，如果觉得没有什么收获，分析其原因也很重要。

习惯 5

保持优美的体态，自然能够存下钱

我有一位 30 岁出头的女同事，名字叫明日香。

每次我遇见她，她都穿着精致时尚的衣服，给人十分清爽的感觉。我猜想，她平时买衣服一定花了不少钱。有一次聊天，我问她："你的衣服都特别漂亮！你平常都在哪里买衣服啊？"

大概是没想到我会夸她的衣服好看，她有些惊讶地回答："我吗？我基本上都是在优衣库买的，而且还都是一些打折商品……"

我非常吃惊。她还告诉我那天穿的衣服加起来不超过 5000 日元（约合人民币 320 元）。我感觉她的连衣裙不低于 20000 日元（约合人民币 1280 元），没想到竟然是几千日元买的，一时间让人难以置信。

为什么明日香的衣服给人感觉非常昂贵呢？

在对她重新进行了一番观察之后，我得到了一个答案。

原来，让她看起来十分具有高级感的并不是衣服，而是能够将衣服穿得非常合身的优美体态。

明日香身姿挺拔，走路姿势优美，自然穿什么都非常有气质。

同样一条连衣裙，含胸驼背的人和姿态挺拔的人穿出来自然是两种完全不同的效果。含胸驼背的人穿，可能会让人觉得这条裙子只值 3000 日元（约合人民币 192 元），而姿态挺拔的人则能够穿出 30000 日元（约合人民币 1920 元）的效果。

也就是说，实际上花 3000 日元买下的连衣裙，如果能穿出 30000 日元的效果，相当于这条裙子的价值增长了 9 倍。

而且，只需要保持优美体态就能实现这种升值，是一种完全不需要投入本钱的习惯。

日常生活中，下意识地把身体挺直，坐着的时候并拢双腿……明日香的经历告诉我们：只要花些心思保持美丽的体态，即使是便宜的衣服也能穿出高级感。

除了体态，行为举止也会在很大程度上影响一个人在他人眼中的印象。比如在交换名片时，手上动作轻柔得体；吃饭时，注意筷子的使用方式；走廊里遇到同事时，随和地点头示意……这些行为都能为我们加分。

比起实际花费在外表上的金钱，这些"印象之美"更能给人带来一种高级感。

现在，随便翻阅一本女性时尚杂志都会发现这样的宣传语：女人过了30岁，就应该选择与年龄相符的昂贵的高级服装。其实我们并不需要盲目跟随这种风尚。

有些人想让自己看起来更加漂亮，会去买一些昂贵的衣服，结果导致自己买衣服的开销越来越大。对此，我的建议是先试着纠正体态。久而久之，身边的人对你的看法也会发生变化。

依托优美体态为自己塑造更加高雅的形象。出于以往的心理可能会购买1万日元（约合人民币640元）的衬衫，而现在换成5000日元（约合人民币320元）的衬衫也可以穿出同样的效果。省下的5000日元（约合人民币320元）可以存起来，也可以用于其他自我投资，非常划算。

保持优美体态，自然而然地就能存下钱，说的就是这个道理。

有一个小技巧可以帮助穿着便宜衣服的人提升整体气质。我平常买东西的时候，会有意识地考虑物品使用一次的单价。比如说，像鞋子、手表、耳环和手镯等物品，在任何时候都不会过时，虽然价格昂贵但十分保值。与之相反，服装流行趋势变化多端，更新换代速度快，多买一些相对平价的基本款反而更划算。

　　这种张与弛是非常重要的。我有一位朋友在进入社会工作后，用第一笔奖金买了一块欧米茄（OMEGA）的手表，20多年来几乎每天都会佩戴。这块表非常适合朋友本人的气场，也为其增添了几分优雅的气质。

　　像这样，尤其是鞋子、手表、简约的首饰等使用频率较高的物品，虽然购买价格昂贵，但是使用时间久了便可以降低物品使用一次的单价。再配上平价的服装，能够做到张弛有度，帮你塑造高级感。

习惯 6

打造个性化书架是培养财商的捷径

倘若出于工作或私人原因前去拜访他人，对方家中要是摆着书架，你是否会看一看书架上都有些什么书呢？

"原来对建筑很感兴趣啊，还很喜欢做饭呢。"像这样，看看一个人的书架就能对这个人的兴趣爱好有所了解。书是智慧之源，书架则是展现其主人智慧的一份履历。正因如此，如果想要培养财商，就要对书架上的书籍进行精挑细选。

随着科技的进步，我们可以通过网络获取大量的免费信息。但是若想获得高质量的信息，还是花钱买回家的书中有着更加丰富且优质的内容。

为提升自己的内在修养而花钱，是锻炼"为了将来的自己而进行投资"的财商意识所不可缺少的习惯。

与书架打交道的方式也有一些要诀。

首先，要时常观望。

正如前文所说，书架上摆放的书籍是一面能够反映自己兴趣爱好的镜子。平常买书的时候也许没有意识到，但是如果总体观望一下自己买回来的这些书，就能够重新认识到自己最近对哪些领域很感兴趣。

同时可能会发现，自己在一年前经常会读的一些书，现在基本不怎么读了。

我推荐大家去看看家里的书架，这种习惯能够帮你检验自己的"大脑库存"。

在明确自己现在最感兴趣的事物之后，自然就能清楚地判断自己现在最想把钱花在什么地方。此外，定期检查书架还可以为规划每日支出的优先顺序提供一些帮助。

简单介绍一下我书架上的书吧。因为我很喜欢音乐剧和爵士乐，所以在我的书架上，戏曲、乐理和乐谱相关的书籍占了大多数，它们是我的"藏品"，所以我一般也不会调换它们的位置。除此之外，像《快手菜》等菜谱书也相应占据了一些空间。读大学的时候，我开始了独居生活，那时索性买回来一本《菜谱大全》，这本书像字典一样厚重，大概在我的书架上"坐镇"了近20年。另外，我还会根据时代潮流的变化对书架上的经管类书籍进行更新换代。

一眼望过去，有一直摆放在书架上的"固定书籍"，也有读过之后更新换代的"流动书籍"，不禁让人觉得，书架上流逝着两种时间。

"固定书籍"的题材与渴望珍惜一生的兴趣爱好和终身事业相关，而"流动书籍"则是为了时常更新自己的学识或是出于一时的兴趣爱好所入手的书籍。意识到这种区别，再一次观望书架的话，应该还会有新的发现。

书架上的书籍是经常变化的。正因如此，我希望大家能够有意识地养成一种习惯，"再平衡"书架的构成。

"再平衡"是资产管理过程中经常使用的术语，是指卖掉一部分高价股票买进低价股票或减少美元存款买入本国股票等依据情况而重构资产组合的行为。这是一种依据市场变化而重新维持投资平衡的行为，对于获得稳定的收入回报具有非常重要的作用。

因此，我建议大家试着把这种再平衡原理应用到书架整理当中。比如，可以在一年一次的年末大扫除或环境容易发生变化的年初实施"再平衡"。看看书架，"这本书今后还有用""这本书可以不用再读了"，给书架上的书做一次取舍。

认清现在的自己是否需要某件事物，这种训练对于培养财商也十分重要。因为抑制支出可以锻炼重视支出的思维能力，而支出与成长息息相关，也会成为实践资产再平衡时不可或缺的经验和直觉。

取舍过后，如果书架上有了多余的空间要怎么做呢？

请尝试着在脑海中设想一下，为了今后的成长，自己需要读一些什么书，然后把书架上的剩余空间填满。勇于挑战一些没有看过的题材也是不错的选择。

书架，可能会成为塑造未来自我的一幅设计图。如果这样想的话，你是不是跃跃欲试，想要打造自己的个性书架了呢？

专栏 1

女性在进行职业规划时，要考虑终身年收入与隐形年收入

女性的一生中会有很多个转折点，工作方式也有多种选择，例如进入体制内、合同工、坐班、在家办公、兼职以及自由职业等。面对这么多选择，女性往往会感到迷茫。每个人的价值观不同，感受幸福的方式和各种事物在生命中的优先顺序自然也不同。所以无论选择哪条路，只要自认为是最适合自己的，就是最好的选择。

如今，很多女性毕业之后便一直在自己的岗位上努力工作，但结婚生子之后，看到身边有些朋友辞职了，自己便也开始动摇，不知道是应该继续留在职场上，还是应该把精力放在家庭中。

当人生迎来转折点时，如果对今后该如何平衡工作与生活，如何设计自己的人生而感到迷茫，我推荐大家从金钱的视角来考虑。

从结论来说的话，不轻易辞职是不可动摇的大原

则。理由就是企业员工的身份在经济层面上来讲是大有好处的。

我经常能听到一些抱怨的声音："公司每个月给我发的工资也就 20 万日元[1]（约合人民币 12800 元），太少了，感觉辞了这个工作做点别的兼职什么的可能更挣钱。"

请冷静思考一下。每月实际到手的工资确实是 20 万日元（约合人民币 12800 元），但你可能不知道，公司给你发的钱其实是这个数字的 1.5 ~ 2 倍。

企业员工为了能在到达一定年龄后领取养老金，都需要持续缴纳养老保险金，而这笔费用是由个人和企业共同承担的，以北京企业职工的缴纳比例为例，公司缴纳 16%，个人缴纳 8%。虽然没有固定工作的人也可以自行缴纳养老保险，成本都由个人承担不说，还有一些其他的不稳定因素。

除了养老保险外，还有医疗保险、工伤保险、生育保险、失业保险和住房公积金，也就是俗称的"五险一

1　差不多是日本的平均月薪水平。——编者注

金"。加入医疗保险能够享受优惠医疗，有了生育保险，怀孕生产期间的费用（产检费用、分娩费用等）基本不需要再另外支付（私立医院的话，情况会有所不同），公积金的存取现在也变得十分便利，不管租房、买房还是装修，都能抵掉一部分的开销，公积金贷款的利率也是最低的。

提到企业员工的特殊待遇，人们自然会想到带薪假期。尽管每家公司的规定不同，但一年当中有 10~20 天不用工作也能拿到工资，可谓是美梦一般的特殊待遇。除去周末和法定节假日，全年上班天数大约为 200 天。如果再享受 20 天的带薪假期，相当于全年上班天数 10% 的日子里不用工作也能拿到工资。如果带薪假期只有 10 天，也相当于全年上班天数 5% 的日子里不用工作就能拿到工资。想到年收入有 5% ~ 10% 的金额是无须工作就能拿到的，是不是觉得自己很幸运呢？

像这样，仅仅计算到手的工资，很难意识到作为一名企业员工的好处。若是仔细算一下这份工作带来的隐形收入，你就很难轻易辞掉一份稳定的正式工作了。

在认清一份工作给自己带来的实际好处的同时，还希望大家能够以更长远的眼光来考虑一下自己的职业生涯。

同样的工作内容，以现在的工资和临时的报酬相比较的话，的确会觉得在公司工作是一种损失。然而，将目前的业务技能所能够得到的时薪或日薪，与公司出于长期培养人才的目的而设定的月薪进行比较，是十分荒唐的做法。

希望大家可以将工资标准上调、升职加薪，以及如果未来成为管理人员能够获得的一些提高职业技能的进修机会等因素也考虑进去，进行综合的比较和判断。

女性在考虑生育之后的职业生涯时，也要冷静地考虑到"终身年收入"，看清每一种选择带来的后果。

当然，因为孩子还小，想多陪陪孩子的心情，我是能够理解的。但是孩子需要照顾的时间长达五六年，为此终止已经走过这么多年的职业生涯，会极大地影响自己的终身年收入。

举个例子，一位 35 岁的女性在年收入 20 万元时辞掉工作并且不再工作，与年加薪率 2%、一直工作到 60

岁退休相比，终身年收入将减少约 626 万元。

有的人认为比起上班，经营家庭会更能感受到人生的价值，这当然也是无可厚非的。除去这种情况，单从金钱层面来看的话，我认为不中断自己的职业生涯是更加明智的做法。

也有一些收入有限的人表示，养育孩子的成本比收入还高，这样的话工作完全没有意义啊。

但是，从长远的角度来看，继续工作能获得更多的发展机会，遇到不同的人，增强人与社会之间的联系，还能锻炼工作技能……所以，还是希望大家能够多多考虑这些隐形收入和隐形资产。我认为，哪怕短时间内生活有些拮据，女性也应该继续自己的职业生涯。

如果是自己非常喜欢的工作就更应如此。看到自己的妈妈干劲十足、专心致志地做着有价值的工作，孩子也会感到开心。

除了生育，受到疾病和照顾家人等各种各样的变化因素影响，女性的职业生涯可能也会遇到一些转折点。

无论是在人生的哪个阶段，女性都能活出自己，活出自信，但首先你需要努力使自己成为一个被需要的人。通过工作不断为身边的人创造价值，成为一个不可或缺的存在，是防御风险的最佳方法。遇到任何情况，对方都愿意为你提供帮助、方便你工作之时，你就已经历练成为一名无所畏惧的女性了。

　　最能体现你自我价值的工作是什么？最适合自己的工作方式又是怎样的呢？

　　以这种长远的视角不断磨砺自己的职业生涯，自然而然就能扩充你的个人资产，增加终身收入。

第二部分

女人该如何磨砺自己

习惯 7

旅游的时候不买特产

你喜欢旅游吗？

我本人非常喜欢旅游。身处新的环境，呼吸着异乡的空气，感受异乡的风土人情。尽情享受旅游带来的乐趣吧，这是一段能够丰富人生阅历的时光。

我希望能够尽情地享受旅游，所以在旅游的时候，我不会专门花时间去购买特产。

可能有人会说："诶？明明买特产才是旅游的快乐所在啊！"

说实话，我本人实在是感受不到买特产的时间能够带来什么乐趣。旅游的目的是体验平常体验不到的生活，而不是购物。

如今，随着线上购物平台的发展，海淘已经十分便利，类似"去夏威夷才能买到"或"冲绳地区限定"的商品少之又少。即便真的有，我也不会占用自己宝贵的旅游时间非买不可。

我希望自己在旅游时的每一分、每一秒都能用来体验平常体验不到的生活。如果一到达目的地就只想着"我要去哪里买些什么特产",那么旅游的时间就会被浪费。

在旅游时将体验平常体验不到的生活作为首要任务,是因为我觉得这也是一种投资。它能够激发我们的感性力,刺激我们的五感,促使我们更好地成长。

也有人持不同意见:要是不给朋友或亲戚带些当地的特产回去,不会被人觉得自己很小气吗?

而在实际生活中,别人真的会觉得这样很小气吗?在过去,普通人想要坐飞机的想法在梦里都难以实现,只有极少数的有钱人才能到处旅游。也就是从那时起,渐渐有了在旅游时给别人带特产的习惯。

也就是说,过去旅游时给别人带特产,是为了给那些不能去旅游的人带回来一些具有纪念意义的小礼物。而现在,旅游已经成为一种平民化的消遣方式,人人都可以享受旅游的乐趣,似乎也就没必要再为此劳神了。

有时给别人带了特产,反而会让对方也不得不惦记着"我下次旅游也得带些特产回来"。不仅双方都花了钱，还劳心费神。

若是这样，不如一开始就决定好不送特产，这样双方都没有什么顾虑。如果还是很在意对方对自己的看法，最好提前和朋友敞开心扉商量一下："买特产的话，我们互相都很费心，咱们就不互相送特产了吧。"

有一位反对送特产的老板表示："我们把不准送特产列入了公司规定当中。"

当然，如果有朋友请求你帮忙买某件东西，或是依照职场的传统，需要给别人带一些当地特色点心的话，倒也没有必要草率拒绝，但要尽量少占用自己的旅游时间。

不过，若是在旅游途中偶然遇上喜欢的器皿或是具有异国风情的香薰蜡烛等则要另当别论了，它们会让我们在日常生活中继续品味旅游带来的余韵。

要诀就在于：不要因为"大家都买"这种笼统的理由而牺牲自己宝贵的旅游时间。

这种方法既适用于旅游时购买特产，也是一种与金钱和时间智慧相处的规则，希望大家能够记在心里。

习惯 8

睡前写下明日计划

　　珍惜时间可以磨炼我们的财商。这是我的亲身感受。

　　金钱可以无限增加，但人的时间是有限的。想要人生过得充实，务必要珍惜每一天的时间。

　　总是把本应该今天做的事推迟到明天做的人，与迅速完成今日事后还能活用富余时间做一些有意义的事情的人，在几年后显然会成长为两种不同的人。

　　所以，为了不浪费自己有限的时间，我养成了一个小习惯。那就是在晚上睡觉前，提前列好第二天起床后要做的事情。按序号写下想到的事情，然后把便签本放在餐桌上。

　　这个习惯的关键在于不论多么小的事情都要写下来。比如，扔垃圾、迅速浏览一遍开会要用的资料、泡茶、让孩子带上雨伞以及确认孩子上课的时间等。尤其是要叮嘱孩子的小事很多，不记下来的话很容易就忘记了。

在养成这个习惯之前，我对一些小事总是漫不经心，结果经常事后后悔。原本计划好的事情不得不推迟，经常陷入事情堆积的压力之中。小小的拖延若是积累起来，就会与原计划出现较大的偏差，浪费很多时间。

所以我亲身感受到，将那些细小的待办事项按时完成，是能够使我们最大限度地利用时间来生活的窍门。

说到记录这些小事项的方法，我本人是较为保守的手写派，会记在纸上。如果认为电子设备使用起来更加方便，也可以记在智能手机里，还有人会充分利用谷歌日历的提醒功能。

我每完成一件事，就会在前一天晚上写下的一长串事项清单上将其划掉，这样还能体会到小小的成就感。而且我也会将每天的工作事项写在纸上。像这样，列出待办事项，做完一项划掉一项。当天没能完成的工作，再次写到第二天的待办清单里。每天坚持，就可以明确自己总是做不完的任务是什么，很容易就能发现需要解决的问题。

睡前写下第二天的待办清单时，也要依据待办事项的工作量计算一下起床时间。可以反过来推算，比如想一想 6 点半起床是否能完成这些事情呢？

　　大家在列清单的时候，请把前文介绍的习惯 1 也考虑进来，确保能有为自己沏上一杯美味的茶的时间。如果能够很好地保证完成这些小事项的时间，自然也就能安心地品茶了。

　　把应该做的事情可视化，并保证在有限的时间内完成。这样就不会再因为觉得"是不是忘了什么事"而感到焦虑了。另外，把第二天要做的事项都写下来，会有一种安心感，晚上也能睡得更香。

　　清晨醒来只需照着清单来做就可以了，全部完成之后心情也会大好。享受完这种小小的成就感，就可以神清气爽地去上班。

　　养成这种习惯，便能以积极的心态迎接每一天的开始。请试着写下你明天早上的待办清单吧！

习惯 9

每天 1 分钟确认支出，
每周 5 分钟清空压力

相信不少人都遇到这种情况，自己明明没有买什么贵重的东西，也没做什么特别浪费钱的事情，却在不经意间就花了很多钱。对于这种情况，可以试着将每天的行动和支出结合起来制订预算。

来亲身实践一下吧。打开记事本，看看接下来一周都有哪些计划，然后想象一下每天的计划所需要的大致支出。

如果下班之后直接回家，一天的花费主要就是午餐费用。周三下班后去上瑜伽课，购买课程需要花费3000 日元（约合人民币 192 元）；周五有闺密聚餐，需要 5000 日元（约合人民币 320 元）……像这样，列出具体的支出金额，写在自己的记事本上。

其实，相比于工作日，周末的支出更容易超额。

如果周六打算去东京郊区游玩放松一下，大概需要多少钱呢？又想到自己没有合适的鞋，周五之前得先买一双，又增加了一笔买鞋的支出。如果去东京迪士尼乐园的话，还会花费更多。

事实上，值得警惕的是那些没有特殊安排的日子。因为无所事事打算出去随便逛逛，结果去了商场，一冲动就买下了自己偶然看到的可爱物件……我们更容易在这种没有事先规划的时间里超额消费。

对于这些情况，按照上文介绍的方法，想象一下计划与所需的支出，就能够轻松掌握未来一周所需要的花费。这样可以防止过度消费，也就不会再因为"我什么时候花了这么多钱"而感到焦虑不安。

当财商修炼到一定高度后，还可以用更大的跨度来规划"计划 × 支出"的构想图，比如以月为单位，以年为单位，甚至以 10 年为单位……如此一来，就可以掌握人生金钱的总体流向，也能更加高效地运用自己的资产。

为了能够提高财商，纵览一生的金钱流向图，我们现在能做些什么呢？

在本节的开头部分我介绍了以周为单位的操作方

法，不过我更希望大家能够先以天为单位来进行实践。

清晨起床后，在脑海里想一下今天的计划，大致估算一下所需要的花费。需要注意的是有空闲时间的日子，比如不用加班可以早些回家，也没有什么事要做的日子。只要提醒自己"今天我可能会在不经意间花钱"，你的行为就会发生改变。如果要在外面吃饭，或者出现其他状况可能会导致支出增加时，最好提醒自己明天要控制一下该部分的支出，维持一个平衡的状态。

每天只需抽出 1 分钟的时间查看一下今天的支出，就可以切实地减少浪费。

对于想要防止过度消费的人，我还想推荐一个方法，即每周抽些时间，清空自己的压力。

压力是钱包的敌人。特别是女性，很多人会为了解压而冲动消费。所以，当我们在面对如何管理金钱这一问题时，要有善于控制压力的意识。

我在日常生活中经常会用到的方法是寻找一些不需要花钱的解压法，养成习惯，并定期实践。这里的重点是"不需要花钱"。有些人为了排解压力，沉迷于买高档的包包或皮鞋，或是去五星级酒店做高级水疗，抑或频繁地计划出国旅游……这些做法其实是本末倒置。

让我们想一想，有没有什么不需要花钱就能够满足自己内心的方法呢?

每个人的解压方法不同。能够被香气治愈的人，可以点上自己喜欢的香薰;能够通过运动打起精神的人，可以在周六的清晨上一节瑜伽课;喜欢泡温泉解压的人，可以去郊区泡泡澡放松一下。当然，敷上一片富含精华的面膜也是个不错的选择;或是进行一次大扫除，看着家里干净又整洁的样子，心里也会十分畅快。

每周一次，试试这些轻轻松松就可以实践的解压方法吧。

不过，这些解压方法应该在心情闲适的时候实践比较好，而不是等到压力超过负荷的时候。

通过每周的清空时间，好好地整理一下我们的心态和钱包吧。

习惯 10

服饰、化妆品、发型、美甲，平衡你的"美丽投资"

提到女性特有的支出，首先浮现在脑海中的应该就是用于"美"的开销了。服饰、皮肤护理和保养、化妆品、美甲、发型……倘若仔细计算一下为了保持美丽所花费的总金额，应该不少人都会感到震惊：我居然花了这么多钱!

对于女性来说，保持美丽可谓是提升自我形象、保证每天生活动力不可或缺的一个重要环节。正因如此，我更希望女性可以对钱包管理有方。

那么，用于"美"的消费，是生活中不可或缺的消费，还是与自己今后的成长息息相关的投资呢? 关于这个问题，其实和我在习惯 4 中给大家介绍的午餐费用的划分是一致的。

维持社会生活所需要的最基本的必要支出可视为一

般消费，而多出来的用于使自己看起来更加漂亮或是提高生活动力的花费，可以划分到投资当中。

以发型为例，为了保持发型的理发费用可以划分到生活费里。想要稍微换个风格而花费的烫发、染发费用则划分到投资中。另外，为了保养发质而自己购买护发商品进行护理的费用属于一般消费。若是想要追求更好的效果，同时放松自己，可以选择去理发店，这种消费则属于投资。假设自己购买的护发商品的价格为1000日元（约合人民币64元），理发店的营养护理费为3000日元（约合人民币192元），差额2000日元（约合人民币128元）则可以视为投资费用。

为"美"下功夫是一件很快乐的事情。但如果不加以管理的话，不知不觉间就会增加不少支出。而且，为了"美"而花钱的项目，仅粗略地想一下就有7种：服饰、皮肤护理和保养、化妆品、美甲、发型、鞋子、包包……若是对这些项目持同样重视的态度，无论有多少钱都是不够的。

为了不会因为"美丽投资"而陷入生活拮据的尴尬境地，很有必要对它进行整体平衡的规划和把控。

事实上，我身边有很多美丽的女性，她们既擅长维持美丽投资的总体平衡，又能保持自己的美丽形象。

例如雅美（29 岁、公司职员），她是重视穿衣的女性。她坦言："我特别喜欢买衣服，所以很少花钱去做指甲和头发。"她在衣服上的开销更大，美甲则是在家使用美甲工具自己完成的，去理发店的次数也控制在一个季度一次，头发护理也是自己在家进行，这就是她调节总体平衡的方法。雅美本身皮肤状态就很好，基本上只用一些药妆店里的平价商品进行皮肤护理就足够了。她非常重注美丽投资的总体平衡，如果某个月购买化妆品的花费较大，就会相应地控制购买衣服的支出。

雅美可能是在无意之中贯彻了维持美丽投资平衡的做法。每个月用于美丽投资的支出是有上限的，为了不超过这个范围，就需要保持总体的平衡。具备这种意识是非常重要的。人们总说"美是女性永远的课题"，正因如此，如果心中没有认真管理支出的意识，就很有可能会肆意挥霍，甚至超出自己可承受的范围。

每个人对于"美"进行投资的预算上限是由每个人

的价值观所决定的。不过，我建议大家将其控制在实际收入的 10% 以内。

　　我身边还有一位时尚美女叫里惠（33 岁、董事长秘书）。她很在乎自己的鞋子、指甲和睫毛。她说："穿着可爱的鞋子，我工作的劲头都更足了。"这就是鞋子在她心中的价值，听说她每隔几个月就会买一双两三万日元（约合人民币 1300~2000 元）的鞋子。此外，她还会找专业人士为自己做美甲、嫁接睫毛，在短时间内就能明显使自己变得更加漂亮，每个月的花费在 1 万日元（约合人民币 640 元）左右。特别是在嫁接睫毛之后，早上不画眼妆也会让人觉得眼睛漂亮有神，十分方便，还能省下画眼妆的时间，可谓是一举两得。

　　而里惠对衣服则一直贯彻着节俭的态度。她会看一看喜欢的模特和时尚编辑的博客，然后反复挑选容易搭配的单品，最后把目光锁定在那些适合自己的衣服上，而且她通常都是在平价品牌打折的时候购买。所有的皮肤护理用品和化妆品则是在药妆店会员日 10 倍积分的时候选购。头发干脆就在公司附近的低价理发店迅速修剪一下。

仅仅是将雅美和里惠进行比较，我们就能够发现，美丽投资实际上是为了"美"进行投资组合，而投资组合对象间的平衡关系则是因人而异的。这样既能把钱用在需要的地方，也绝对不会超额消费。

　　如果有意识地用最少的投资获得美丽，类似"好像花在衣服和美容上的钱太多了……"这样的不安和罪恶感便不复存在，你就能够以愉悦的心情收获美丽。

　　可以说，把握好为"美"而消费的张弛度，是提高财商并修炼美丽的女性所必须具备的条件。

　　在和大家讨论关于美丽投资的新习惯时，我个人希望大家一定要考虑总成本。比如我之前在习惯3中提到过的凝胶美甲。美甲店做一次凝胶美甲的费用为7000日元（约合人民币448元）。如果从月收入来考虑的话，这笔金额从别的投资支出中省一省似乎也能省出来。然而凝胶美甲很难自己涂或卸掉，只能一直去美甲店处理。那么，一直去美甲店需要花费的总金额会是多少呢？

　　假设每3周去1次美甲店，每次的费用为7000日元（约合人民币448元），1年有52个星期，1年就需要花费 17 次 × 7000 日元 =119000 日元，将近 12 万日元（约合人民币 7680 元）。而凝胶美甲并不像语言学习或在健身房进行肌肉训练一样具有积累的效果。为了保持漂亮的指甲，只能一直去美甲店。如此持续 20 年的话……竟然会花费 240 万日元（约合人民币 15 万元），简直是一笔巨额消费。

在决定养成去美甲店的习惯的那一瞬间，就相当于有了一笔期限为 20 年的 15 万元的贷款。对于这个数字，你是觉得刚好合适呢，还是觉得有些昂贵呢？如果觉得贵的话，还是重新审视一下这个习惯比较好。

我的指甲原本就比较脆，不适合做凝胶美甲。所以就只是自己在家修修指甲、做做养护，不会为了指甲花钱。同样，考虑到总体消费，我平常也不会去美容院。

美丽投资的模式根据个人重视事物的不同而有所不同。在这里，我给大家介绍几种比较常见的。

首先是考虑全年总成本的模式。提前决定好一年内需要用在美丽投资上的费用，然后分配好各项的费用。

这种方法的好处在于因为已经确定了全年的总预算，所以不会超额消费；也可以抑制一些冲动消费，比如在社交媒体上看到别人推荐的化妆品，没做深度了解就买了同款，或是要参加朋友的婚礼花重金买了一件新礼服等。

接下来是缩短时间的模式。并非一切的成本都限于金钱层面，如果在时间层面也具备敏锐度，财商意识也会发生很大的变化。

比如每天都要进行的化妆。即使每天仅仅需要 20 分钟，一年累计 365 天则需要 20 分钟 × 365 天 =7300 分钟，约 122 个小时。122 个小时相当于 5 天，完全可以用来旅游一次了。

为了稍微缩短一下用在化妆上的时间，我选择了文眉。即使每天画眉毛只需要 3 分钟，久而久之占用的时间也会成为一个庞大的数字。

在东京银座附近，文眉的费用在 3 ~ 5 万日元（约合人民币 1900 ~ 3200 元），大约能够保持 3 年，所以在此期间就不需要花费时间画眉毛了，也不必花钱购买相应的化妆品。乍一看似乎价格有些昂贵，但如果考虑到 3 年的时间，是不是就会觉得很实惠呢？在休息日也不必再为化妆而烦恼，轻松外出，非常方便。对于生活节奏快的女性来说不失为一个不错的选择。

还有一种是一生支出的模式。像前面提到的美甲店的例子，如果算出连续数年的成本，会发现未来将会失去一笔巨款。前文还提到过可以长年连续使用的人生物品——高级手表，对于这一性质的物品，考虑到一生的使用单价，其成本也在可接受的范围内。

　　我在美丽投资中最能感受到性价比的就是加压训练。加压训练能够在压迫血管的同时训练肌肉，从而促进生长激素的分泌，是一种非常适合我的运动。

　　每次训练只需要短短的 25 分钟，但训练效果十分显著，不仅能够有效地锻炼肌肉，还能起到活血的作用。进行加压训练后，我再也不觉得肩膀酸痛了，也不再需要去做按摩了。

　　此外，我还切身感受到了加压训练带来的其他好处——在生长激素的作用下，我的头发和皮肤状态也变得越来越好。

　　因为压迫血管这种特殊的锻炼方法，加压训练必须配备专业的私人教练，这样一边训练一边还可以得到专业的饮食指导，不仅度过了充实的时光，还实现了良好的自我管理，真是一举多得。

在健身房寻求私人教练帮助的话，需要另行支付费用，而加压训练本身就是以一对一指导作为前提的，所以不需要附加费用。

　　加压训练是一种投入少量时间和金钱就能获得巨大回报的"美丽投资"，它已经成为我生活中不可或缺的一部分。

　　试着探索一下属于你自己的美丽投资的平衡模式吧！

习惯 11

与其花钱买东西，
不如花钱买经验

相信大家在领到年终奖之后，心情都很不错。扣除用作存款的部分后，如果手头还有可供自由使用的资金，你会用这些钱做些什么呢？

是买想要的鞋子、包，还是首饰？虽然最近由于大环境的原因，很多人因为对未来感到不安而选择把手头的资金全部存起来。

然而，提到一大笔钱的用法，最先在大家脑海里浮现出来的，多半就是购物。的确，在买到心仪物品的一瞬间，人往往能体会到一种幸福感。

但是你是否想过，物品价值带来的满足感能够持续多久呢？

因为喜欢而买回来的包，渐渐失去了用武之地；之前迫不及待想要入手的鞋子，买回来之后却又看上了别的款式，因而被束之高阁……

物品本身或许不会消失，但物品价值的寿命却出人意料得短。财商高的人是不会为了这些寿命短的物品支付高昂费用的。

这几年，类似于"断舍离"和"极简主义"这些精简物品的生活方式备受瞩目，也渐渐成为一种流行趋势。

在日本向发达国家过渡的经济高速发展时期，如果拥有电视、冰箱、汽车等过去没有的物品，确实具有很大价值。然而现在，这些物品已经遍布日本的各个角落。在物资过剩的当下，持有这些物品已经渐渐失去了当初的价值。

现在，对于汽车等生活必需品，出现了租赁、回收、共享等服务。可以说，当今社会正在从"持有"的时代向"活用"的时代转型。

另外，在泡沫经济崩溃后，人们的价值观变得更加多样化，也很少有人人称羡的物品了。

也就是说，以"购买某种物品就能被别人瞧得起"为动机而进行的虚荣消费已经失去了适用对象。尽管花了大价钱用购买来的物品粉饰自己，想让别人觉得自己过得很好，但其实别人并不会很在意。

当然，如果是收藏自己真正喜欢的物品，或是基于不会动摇的热爱，出于你心里的一份执着而购买的物品，其价值是不随时代变化的。如果购买的是不被他人价值观所左右的物品，它的价值寿命也会延长。

如果不是出于这些理由，只是因为"拥有这个，我就是优秀女性"这种没有实际意义的动机而购买价格高昂的物品的话，很容易导致无休止的浪费。请立刻停止这种做法，把钱用在其他地方。

那么，应该把钱用在什么地方呢？

答案很简单：经验。

经验，可以磨砺内涵，促进自身成长。

举个例子，哪怕课程费用有些昂贵，也请报名参加礼仪培训班，或是花钱参加一次你敬爱的老师主讲的研讨会，或是去稍微贵一些的星级餐厅用餐。心里要有这种意识——把钱花在能够积累经验的地方。

也许你会想，经验什么的，看不见摸不着，把钱花在这上面太浪费了吧。

不，恰恰相反。经验能够切实地留存在我们心里，只要活着，我们就能够运用它们。

经验不会被用腻，也不会被用旧，相比于物品，经验的寿命更加长久。

有时也可能会遭遇损失巨大的"失败经验"，然而，这些失败经验也可以运用到以后的生活当中。

用于获取经验的支出能够得到切实的回报，从这一点上来说，这是非常合理的投资之道。

我还想强调一点——花钱买经验是非常实惠的。

以购买物品为例，若是想要购买顶级的包，需要花费多少钱呢？如果是奢侈品品牌的包，价值几万元、几十万元的都不少见。

若是到米其林三星法式餐厅用餐，需要多少预算呢？全套料理搭配最上等的葡萄酒，最多也就花费5万日元（约合人民币3200元）左右。相比于花钱购买物品，花钱购买经验能够以非常低的支出获取最大的回报，物超所值。

最多只需要5万日元（约合人民币3200元），就能拥有巨大的收获。食物的美味程度自不必说，一流餐厅舒适的环境，服务人员热情好客、细致入微的服务态度，用餐人士的谈吐以及他们营造出来的氛围……享受身处其中的每一秒钟，将其内化成自己的一部分，这种购买行为就能为你积累提升生活品质的"营养"。

"为了能够再次享受如此美好的时光，明天也要继续努力"的心情，也会对未来的终身收入产生积极影响。

建议大家通过接触一流服务来积攒经验，有的人可能会敬而远之，觉得自己还配不上这些。如果是这样，请转换一下思维方式。

"合不合适"不应该成为"去不去经历"的理由，因为只有经历过，才会慢慢变得合适。事实上，我看到过很多人通过积极地购买经验提升了自己的人生高度。

一下子想不出来要积累何种经验？如果感到迷茫，不妨看看你身边优秀的人和你也想成为的那种人，观察他们的行为活动。观察一下他们平常用钱换取何种经验，然后试着去模仿他们，积累这种经验。

学习一门感兴趣的技能、去一次人气咖啡厅、每个月读 10 本书、到一个没去过的地方旅游……只要是能够修炼自我内涵的经验就可以。

所以说，若想提升财商，与其花钱买东西，不如花钱买经验。

从今天起，有意识地去实践吧！

习惯 12

通过张弛有度的消费
优化家庭收支

身材紧实又凹凸有致——我认为女性追求的理想身材，就是这种玲珑有致的匀称身材。但同时，我也希望每位女性都能够努力实现收支的张与弛。

<u>财商高的人，对"可用支出"与"应当加以控制的支出"之间的张与弛有着清楚的认识。</u>

与之相反，金钱观散漫的人，总是在不经意间超额消费。他们的钱会花在所有品类的物品上，这是他们的共同点。如果你也有这样的消费习惯，不妨先算一下每个月用于不同类别的支出，然后与同年龄段收入相当的女性的平均值比较一下。

我们以日本总务省[1]的统计结果作为参考与比较的材料。

---

1 日本中央省厅之一，其主要管理范围包括了行政组织、公务员制度、地方行财政、选举制度、情报通信、邮政事业、统计等。——编者注

根据 2010 年日本发布的《全国单身人群收支实况调查》，年收入在 350 ~ 400 万日元（约合人民币 22 万 ~ 26 万）、年龄在 30 周岁以下的独居女性平均每个月的支出为：

· 食品费用（含饮料）41823 日元（约合人民币 2677 元）

· 在外用餐费用 11812 日元（约合人民币 756 元）

· 住房费用 54549 日元（约合人民币 3491 元）

· 水电燃气费用 6925 日元（约合人民币 443 元）

· 服装费用 15009 日元（约合人民币 961 元）

· 保险、医疗费用 2866 日元（约合人民币 183 元）

· 交通费用 14842 日元（约合人民币 950 元）

· 通信费用 7044 日元（约合人民币 451 元）

· 教育娱乐费用 20080 日元（约合人民币 1285 元）

· 美容等其他费用 26848 日元（约合人民币 1718 元）

这个收入与消费水平，大致相当于中国"北上广"等一线城市高级白领阶层的收支状况。请结合自己的具体收入确认一下每月的开支。

如果有超出平均值的类别就需要确认一下了。你可以立刻说明为什么这部分的支出比较多吗？

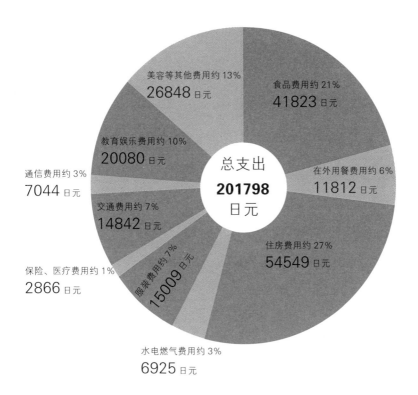

美容等其他费用约 13%
26848 日元

食品费用约 21%
41823 日元

教育娱乐费用约 10%
20080 日元

通信费用约 3%
7044 日元

总支出
201798
日元

在外用餐费用约 6%
11812 日元

交通费用约 7%
14842 日元

保险、医疗费用约 1%
2866 日元

服装费用约 7%
15009 日元

住房费用约 27%
54549 日元

水电燃气费用约 3%
6925 日元

图 3　年收入 350 ~ 400 万日元（约合人民币 22 万 ~26 万）、
年龄在 30 周岁以下的独居女性的月平均支出

"对于我来说，保持漂亮的发型是为了在人前拥有自信而进行的投资，所以这部分花费自然高于平均值"，如果能够立刻说出明确的原因，就说明这是用在自己所讲究的事物上的消费，也可以称得上是一种投资。

与此相反，若是无法讲出明确的理由，或是甚至连自己都没有意识到会超过平均值，就应当认定这属于无意中超额消费的类别。对此，应该有意识地提醒自己给这一部分支出"瘦身"。

接下来给大家介绍一些值得一试的习惯，用以优化家庭收支。

这个习惯就是：每年收拾一次家里的物品，彻底处理掉一年内没有用过的东西。

或许你会觉得这需要下非常大的决心。事实上，如果家里存在过多无用的物品，则会导致无用的行为，甚至造成时间的浪费。

一年内没有使用过的物品基本上在以后的生活里也不会有用武之地，以一年的时间为划分区间，更容易让我们对这些物品"放手"。

养成定期收拾家中物品的习惯，渐渐地就能辨别对自己真正有用的物品，从而有效地避免无用购物。

只购买自己真正需要的物品，整体的支出就能缩减。节省下来的部分可以用来购买内心真正需要的物品。

这样一种习惯，可以让你获得高满意度的生活，请试着开始吧！

习惯 13

钱包是家庭支出的秘密空间，尽量选用小钱包

几年前，曾流行这样一种说法：有钱人和成功人士都用长钱包。

长钱包的确很方便，容量大，能装下纸币、零钱和银行卡，而且不需要折叠就能收纳纸币，在结账的时候也更加省事。

然而，这个大容量的优势在培养财商的时候是否行得通呢？从这个角度来考虑的话，我反而觉得钱包越小越好。

这是因为容量大这一优点也会带来一些让人困扰的副作用。

首先，钱包体积越大，日常携带的物品就会越多。我自己也曾用过长钱包，放在上班用的大包里倒是没什么问题。但如果想买一个平日里能够轻装出门的小包，考虑到长钱包放不进去，就只能买一个大包了。

我就有过这种经历，明明想买一款小包，却被钱包的大小所限制，最后只能放弃自己想要的包。

　　另外，很多人因为长钱包能够放更多东西，就随手在钱包里塞一堆购物小票，不经意间钱包里还多了很多积分卡和优惠券。最后甚至连自己都不知道钱包里究竟装了些什么，好不容易得到的优惠券在发现的时候也已经过期了……

　　长钱包的另一个优点，是不需要折叠就可以收纳纸币。按人像水印的方向整理好，放到钱包里。这种习惯能够培养我们珍惜每一张纸币的感觉，这种感觉是很重要的。不过，即便不是长钱包，也能让你培养并保持这种感觉。

　　相信有很多喜欢使用大容量钱包的人，并不清楚此时此刻自己的钱包里究竟装了多少钱。

　　事实上，每当有女性朋友表示"我不太擅长金钱管理"时，我发现她们大多数人的钱包都鼓鼓的，拿在手里也是沉甸甸的。打开钱包，里面装满了各种面值的纸币和一堆硬币。

　　为了能够准确把握钱包里的钱，就应该将钱包里的零钱数量控制在 100 元以内，比如一张 50 元的纸币，两张 20 元的纸币，一张 10 元的纸币，几枚 1 元的硬币。钱包里零钱一堆的人，通常都有购物时立刻用大额纸币支付的习惯，这或许就是缺乏金钱意识的表现。

你可能觉得这只是一些细微之事，但若在日常生活中养成了这种习惯，就会对大的价值观产生影响。所以，希望我们在平时就能磨砺了解、珍惜使用钱包里物品的意识。而且，能磨砺这种意识的并非大容量钱包，反而是容量有限的小钱包更能训练这种意识。

所以，如果想要锻炼金钱修养，提高财商，请尽量使用小钱包。

想要转变意识的时候，从"型号"入手是很有效的。

如果手边只有一个小钱包，自然会对要放在里面的物品进行严格挑选。所以，在以后更换钱包的时候，请选择一款以前没有用过的小钱包。

小钱包能放的钱的数额有限。这样一来，出门携带的现金自然就少了，从而做到节约。不仅是现金，小钱包也放不下太多卡片。所以，必须要严选信用卡和电子货币卡。在这种强制力的作用下，就会开始考虑"我真正需要的是哪一张卡呢"。

现在，能办理信用卡的银行和能提供借贷服务的机构非常多，而且办理门槛越来越低，一不小心就容易办理很多。其实，原本一张主卡和一张副卡（以防主卡在有些店铺里不能使用），两张卡就足够了。至于其他提供借贷服务的机构，大多数只要提供个人身份信息即可办理或注册相关账号，但为了避免无意识地超额消费，还是不要办理为好。

说到积分卡，如果店员推荐也下定决心不办理，事情就变得很简单了。乍一看每次购物时获得积分的服务似乎是十分划算的，但不要忘记，为了充其量 5% 的折扣率，是需要提供重要的个人信息的。我只用经常光顾的超市积分卡，尽量不办理偶尔才会使用的其他积分卡。

另外，我平常基本上是用信用卡和电子货币支付。这样就不用携带大量现金了，这也是"缩小"钱包的一门秘诀。

如果集中用一张卡进行日常购物，家庭收支管理也会变得轻松许多。每个月在网上检查几次使用记录，把握好支出的金额，保持平衡，把开销控制在每个月的预算内就可以了，这样也可以省下记录家庭收支的时间。

忙到没有时间记账的人，可以试试这个方法。

有人担心，只用信用卡支付的话会不会超额消费呢？随着财商的提升，这种担心会慢慢消失。

无论是能够亲眼看到的现金，还是用信用卡支付的看不到的费用，都是金钱。

如今，金钱已经从纸币或硬币等货币实体，转换为存折上的一串数字和电子货币等单纯的数值，所以掌握管理数值化金钱的方法就变得更为重要。

无论是用现金，还是刷信用卡，或是使用其他电子货币支付，只要始终保持"只为必需品花钱，不买不需要的物品"的意识，就不会把卡片或手机当成能够无限使用的魔法支付工具了。

使用小钱包，你的行为就会发生改变，财商也会在不知不觉中得到锻炼，请亲自感受一下吧！

专栏 2

真的需要这份保险吗？
单身女性唯一应该购买的是这种保险

我在接受一些需要重新规划家庭支出的咨询时，经常会遇到投保多份保险的女性。

有时是被销售人员说服，有时是在杂志或别的地方看到"必买保险"的宣传，不知不觉就购买了多份保险，甚至到了自己都数不过来的程度。看到这里，或许有的读者已经猜到接下来我要说的内容了。

虽说都统称为保险，但保险也有很多种类，按用途大致能分为以下三类：

① 用于因伤病导致的住院、治疗的医疗保险；

② 死亡保险，或是综合以上情形的人身意外伤害保险；

③ 以获取养老费用为目的的高储蓄型保险。

对于 30 岁左右的女性来说，如果你已经开始实施习惯 24 中提到的储蓄计划，那就不需要再投保上述第三项以存款为目的的保险了，可以考虑一下从储蓄和保险中选择一种来获取养老费用。

如果选择保险，在决定保额时，最好以自己能够满意地生活的金额为基准进行计算。

其次，是人寿保险中的死亡保险，这是保证支撑基本家庭收支的顶梁柱的收入源源不断的一种保险。这对于不需要赡养老人和抚养孩子的单身女性来说其实是没有必要的。

然后就是第一项所说的应对伤病的医疗保险。如果说有一种保险既适合未婚女性也适合已婚女性的话，医疗保险就是不二选择。选择每月几百元的类型就可以。

然而有一点需要注意。有很多保险公司会以"生病受伤时，如果没有保险赔付就会十分可惜"为理由，增加各种附属保障。

比如保障当日入院、出院或往返医院的费用，或是每5年发放一笔金额等，保险公司为了收取保费会用各种方式积极地降低领取保险金的门槛……但是，冷静地思考一下就会发现：领取保险金的门槛在下调，保险费用反而在上涨。

医疗保险原本是一种保障工具，用以伤病时支付自己无力支付的费用。我们基本都拥有支付当天住院和就诊费用的能力，所以，除去这层附属保障，把保险费用降下来才是上策。

我们应该提前了解，健康保险适用的医疗有一种高额疗养费制度。即使每个月的治疗费高达几万元，通过这种制度自己只需承担 5000 元左右（不适用差额床位费与用餐费用，个人承担费用的上限因年收入而异）。

不过，对于个人能力无法支付的款项就需要加以坚实的保障。我推荐大家积极地选择那些能够保障癌症诊断和接受先进医疗的保险。每月只需几十元的低成本就能为保险增加保障先进医疗的功能。发生意外时最高能够获得数百万元（依保险公司规定而异）的赔付，是非常合算的保障。

相比于储蓄存款，保险的优势是从保险生效日起就已经明确了预期金额。储蓄存款是不断累积以备不时之需，而保险则不论已经投入多少金额，一旦遇到突发情况时就能获得一笔相应保额的赔付。

如果你认为保险是"自己无力支付费用的保障工

具"，那么在自己的储蓄存款足以应对设想风险，或是存款已经足够的时候，就可以退保了。

　　或许有很多人会觉得"退保太可怕了"，但若想不受无用信息的影响，与金钱和平共处，自然而然地就会选择退保，请大家根据自身情况，认真考虑一下保险的事情。

第三部分

女人该如何提升自己

习惯 14

与钱相关的材料全部收纳到 "私人保险柜" 里

时尚的服装会收进衣橱，吃饭用的餐具会放到厨房，鞋子会归置到玄关处的鞋柜里……把用途相同或相近的物品集中收纳到家里某一处后，用起来就会更加方便。

那么，与金钱相关的物品需要如何处理呢？

税金、保险、储蓄存款、养老金等，如果整理一下，会发现这些与金钱有关的文件要比想象中的多得多。储蓄存款的进出账明细等有些是定期邮寄过来的，如果不用心收拾就会堆积如山，在重要时刻需要的文件也很容易不翼而飞。

储蓄存款相关的单据放在卧室床头柜的抽屉里，税金和养老金相关的材料放到书房的书架上，保险相关的材料则放在餐厅的收纳柜里……问一问周围的人，很多人都是这样把这些文件分开放置的。但是我认为，就像把衣物都收到衣橱里一样，把金钱相关的文件统一保管到一处才是上策。

把金钱相关的文件都整理到一起，可以省下不少找东西的时间。最重要的是，总体查看这些资料可以养成以全方位的视角来确认资产的习惯。如果文件分散在多个地方，仅是收集一下都会很麻烦，这种麻烦甚至会使人放弃金钱管理。

为了能够轻松管理，试着制作一个"私人保险柜"，把金钱相关的文件收集到一起。

至于保管方法，只要是易于操作的就可以。我自己准备了3个A4尺寸的拉链式塑料文件袋，分为"储蓄存款""保险""税金"三类来保管文件和单据等。因为使用的是A4尺寸的文件袋，不同尺寸的纸张、文件都能很容易地归纳、整理。

如果想要长期保管纳税证明、社保记录等文件，可以将这些文件用小夹子夹好，每收到一张新的证明就把它固定在最上面。与此相反，对于保险合同的内容说明等每年都会更新的材料，在收到新材料时就应将旧材料处理掉，做好文件的"辞旧迎新"。

很多人坚信只要是与钱有关的材料就必须全部留存，所以还留着已经失去效力的文件，结果导致难以找到需要的文件。

如果在每年的年末或某个固定的时间整理一次与金钱有关的文件，就可以建立一个随时都可以检查最新文件的"私人保险柜"。

当然，除了塑料文件袋，也可以用风琴文件包或易取的开口式文件袋。选择自己用起来比较顺手的工具就可以。

"私人保险柜"放置的地方也很有讲究。

选择的标准就是要放在一个随时都能看到的地方。我把它放在我卧室里经常坐的椅子附近，伸手就能拿到。"私人保险柜"能够随取随用，才能轻松地掌握金钱的动向。

提高财商的有效方法之一，就是建立"私人保险柜"。

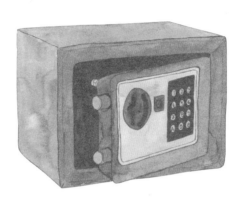

习惯 15

犹豫不决时，等 7 天后再做决定

拿不定主意的话就不买。这是我一直坚持执行的一项购物原则。

走在街上，优质的商品琳琅满目，让人心动的宣传广告也应接不暇。若是放任自己冲动消费，无论有多少钱都是不够花的。

你是否有过这种经历？

想要给自己买一件冬天穿的大衣，休息日的时候坐地铁到市中心的购物商圈，逛了一圈没有发现自己想要的"那个它"，但是一想到"今天要是不买的话，不知道下次来这儿会是什么时候了""好不容易来一趟，要是不买，感觉时间都浪费了"，结果最后只能降低一些标准，随便挑一件回家。

我给自己制定了一个规则，如果觉得"真想要啊，不过……"，像这样在一瞬间感到迷茫、犹豫，就先不买。

　　然而这并不意味着要做一个"禁欲主义者"，什么都不买。若是遇到一眼相中的东西，也可以立刻买下来。关键是要提醒自己，在觉得可买可不买的时候就不要购买。

　　想要立刻拥有可以预防冲动消费的直觉或许不太现实。中意的物品明明就在眼前，却要立刻放弃，的确有点困难。

　　因此，首先要为自己制定一个期限规则：犹豫不决时，等7天后再做决定。若是遇到中意的物品，不要立即购买，先记在记事本或手机备忘录里，然后像往常一样生活就好。7天后回看自己的记录，如果还是觉得很需要或很想买，就买回家。

7天的时间足够我们做一些冷静的判断：之前立刻就想买的东西，现在想想感觉好像已经买过差不多的了；这个月是不是原本就有些超支了……

从我给自己制定了这个规则之后，经过7天又重新回去购买的物品大概只占20%。也就是说，当初觉得特别想买的物品，有80%在过了7天后都变成了非必需品。

仅仅是为自己设定了一段缓冲的时间，就戏剧性地减少了冲动购物。

7天过去后觉得无须购买的物品可以从备忘录中删除，如果还是有些在意也可以继续留着。如果有一个购物清单上罗列的是拿不定主意但也一直没有买回来的物品，自然就可以判断出：也许自己并没有那么想要这些物品。若是能够说服自己把物品从清单上删除，心里也不会有什么遗憾。

为什么我们往往会选择"冲动消费"呢？那是因

为"买"这一行为本身可以给大脑带来"快感"。而且，"买"这一行为所带来的"快感"，在买下来的一瞬间会达到最高峰值。行为心理学表明，大脑会在买下物品的一瞬间感到快乐："喜欢的东西归我了！"之后快感就会呈下降趋势。

更何况，我们人类是一种难以抵抗"限时折扣"这种宣传语的生物。跟商品一起映入眼帘的是"折扣仅限今天"的牌子。看到牌子的一瞬间，人们的手就伸向了钱包。但是，请冷静思考一下。假设是 500 元的物品"仅今天八折"，如果不是真正需要的东西，慌慌张张买回来获得的并不是 100 元的优惠，而是 400 元的浪费。考虑 7 天，如果得出"不买了"的结论，就可以防止浪费；如果还是觉得想买，说明这是花费原价 500 元也值得买回家的东西。

另外，在行为经济学和行为心理学中，有一个概念叫"沉锚效应"，指的是人们在对事物作出判断时，心里会受到最初获取的数字信息影响，就像沉入海底的锚一样把人们的思想固定在某处。

"原价 1200 元的连衣裙现在半价，只要 600 元"，我们假设这种裙子大卖。这里的"锚"就是"1200 元"。

然而，这条连衣裙是否真的价值 1200 元呢？说不定本来就只值 600 元。对于我们买家来说，首先看到的是贵的价格，如果这个价格被调低，就会觉得价格便宜了。

避免陷入这种圈套的要诀是双向思维。多想一想卖家是如何考虑的，就可以避免冲动消费和无用消费。

摆脱"折扣仅限今天"的咒语束缚，就能停止冲动购物引发的浪费。愿大家都能只买真正需要的物品，成为一个购物高手。

习惯 16

提高挑选伴手礼的审美

与很久未见的朋友或重要的客户见面时，淡定地给对方呈上精致的伴手礼，能够做到这点的女性非常优秀。

我自己虽然不是勤勤恳恳准备礼物的人，但是在这种关键时刻，还是会一边想象着对方喜悦的表情，一边按照自己的想法准备些小礼物。

我最近一次赠送给别人的礼物是橘子。

或许有人会觉得不可思议：橘子？是的，在这份礼物的背后，我有自己的选择理由。

那天去拜访一位朋友，对方家里有一个即将参加考试的孩子。听说这是孩子第一次参加比较大型的考试，所以夜里经常学到非常晚。想着让孩子多多补充维生素预防感冒，我便挑了些别人吃过都说好的橘子送给了朋友。这种橘子只有应季时才吃得到，营养丰富，颜色橙黄，大而饱满，朋友收到后特别高兴。

对于礼物的选择，我还有一些其他的个人体会。在我努力减肥时，收到了看起来特别美味的糖果（而且是大罐）。本来应该特别开心，但是因为还在减肥，心情特别复杂。所以，如果要给减肥的朋友送礼物，有一些事项是需要注意的。除这种情况以外，也要避免给独居的朋友送一些保质期短的生食。

考虑到这些经历，我觉得站在对方的立场来挑选伴手礼是最重要的。

不久前，我从朋友那里听说了一个小故事，虽然不是送伴手礼的故事，但也想和大家说一说：朋友的朋友因为急事去不了原本要参加的派对，于是送了一份礼盒插花来赔礼道歉，花的颜色很有品位。

这是一种高级技巧。"放了大家鸽子"会给别人留下不好的印象，但通过送上一份有品位的礼物，形象就能立刻挽回。

在如今这个时代，任何东西都能在网上找到。真正想要的东西也不需要别人赠送，自己就能买到。

那么，"作为伴手礼送给别人的东西"究竟意味着什么呢？

在我看来，赠送伴手礼的关键不在于物品本身，而在于礼物背后隐含的牵挂对方的那份心意。

"暂且选个差不多的礼物吧。"如果像这样，随便挑一些生活中很常见的物品还不如不要送。另外，为什么要送别人这个作为礼物呢？如果可以，最好简单地写一写选择的理由附在礼物里。

想想对方现在的状态，反复琢磨琢磨："对方喜欢什么来着？收到什么会开心呢？"一定要把心意传递给收到礼物的一方。只有将心意传达到，两个人的感情才会更进一步。

选择伴手礼，并不是给对方送些无足轻重的东西，而是要下功夫挑选专属于那个人的礼物。这就要求我们能够在日常生活中锻炼并提高自己的审美意识。为此，在平常的交往中就要认真观察对方，提高想象力。

然而有这样一种情况经常出现：因为自己喜欢这个，就把自己的喜好强加在别人身上。这样一来可能难以向对方传达你重视对方的态度。

做一件事情时，不仅要考虑自己的立场，还要试着站在对方的角度去考虑问题。拥有这种意识有助于培养双向思维的能力，而这种思考能力对于提升财商也是十分重要的。

什么是双向思维呢？当店员给你推荐一件商品的时候，想一想："这个人为什么要把这个卖给我呢？"或是在上司请你吃东西的时候，思考一下："上司是出于什么想法请我吃东西的呢？"

一旦学会这样思考问题，就能够明智地购物，也能很好地回应对方的心意。如此一来，金钱的运转也会变得顺畅起来。

从赠送伴手礼开始，请一定要试试锻炼双向思维的能力。

习惯 17

只收集高质量的信息

擅长和信息打交道是提高财商必不可少的能力。我们平时接触、吸收的信息，会在潜移默化中影响我们大大小小的选择与决定，甚至会塑造我们的人生观。

就像注意摄入的食物一样，我们也应该不断地提醒自己，大脑要"摄入"更为高质量的信息。

毫无依据的流言蜚语、娱乐圈的绯闻八卦、煽动性的促销广告……打开手机漫不经心地看上几眼，却在不知不觉中被"信息旋涡"吞没，我们有限且宝贵的时间就这样被剥夺了。所以，要养成习惯经常问自己：我们看到的、听到的信息是否值得我们为此付出时间呢？

在这里，我希望大家回想一下前面提到的双向思维这门学问。

月初的某个夜晚，闲来无事的你正在浏览网页，突然页面上方弹出了一个"深受 30 岁女性喜爱的化妆品排行榜"的弹窗。你出于好奇，点了进去，是一排排人气化妆品的商品介绍和评价，还附上了素颜美女明星的使用感受。看到最后，映入眼帘的是这样一句文案：本日 24 时前下单，立享七折。读到这里才注意到原来是某化妆品公司的促销广告。

如果想着"今天下单打七折？那就买吧，反正刚发工资"就立刻下单，那你还不能称得上是学会了双向思维。

如果你已经具备双向思维能力，就一定会产生疑问。试着站在消息发送方的立场上问问自己："为什么让我看到这个信息呢？""为什么把我当作信息的接收方呢？"这样也许就会发现："如果对排行信息和点评比较在意，或许就被骗了。""正赶上月初发工资的节点，所以就以女性为目标受众加强了促销力度。"

通过思考信息发送方的意图，就能养成习惯，冷静地判断是否应该接收这个信息。看清信息发送方究竟是谁、怀着何种意图，只去接触那些你认为吸收后能获得个人成长的高质量信息。

我自己作为信息源，重视的仍然是人。希望大家能够从值得信赖的人所说的具有正确依据的话语里，得到成长的启示。

另外，精心制作的书籍也值得参考。有人说，网上信息量大，书越来越卖不出去了。然而，完成一本书需要很多人的努力，经过多个阶段的校对修改，汇聚最精炼的信息（不过，书的品质也是参差不齐的）。

某个领域名声显赫的人物，总结归纳自己所有的知识和经验并提取精华内容，以几十元的价格进行销售，你不觉得这是物超所值的购物吗？

假设作者 50 岁，我们只需花费几十元就能够获得作者 50 年人生中积累的经验教训，这是一种非常高回报的投资。所以我开始积极地阅读超越时代的名著佳作，或是感兴趣的作者所著的书籍。

不过，我是尽量不读理财杂志的。我感觉像月刊这种定期出版的媒介刊载的信息，都是当时社会较为关心的话题和推荐的交易品种等，会无可避免地偏向提供一些近期有限的信息。我更希望能够以长远的视角与金钱打交道，所以尽量注意不被理财杂志上的信息所左右。

但如果遇到了比较关心的话题，还是要深入考虑其本质，刨根问底。不过，当下的我们或许很难拥有深入挖掘信息的时间。

　　如果经常问问自己，现在我应该深入接触什么信息？相信大家渐渐就不会再被无用信息所干扰。

习惯 18

思考金钱的"目的地"

　　希望我们能够通过即将介绍的习惯 18 和习惯 19 重新思考一下金钱的"目的地"。

　　有人会觉得不可思议：金钱还有目的地？

　　当然有。而且金钱的目的地是由我们日常的一个个行为决定的。

　　请回忆一下，最近你都在哪些店里用餐了呢？

　　是公司附近刚刚开业的人气餐厅的连锁店？是从家里步行一会儿就能到达的咖啡厅？还是让人一闻到香味就会变得元气满满的烘焙店？

　　那么，你支付的钱在这些地方变成了什么呢？可能首先你会想到的是"食物吃到肚子里，转化为饱腹感和满足感"。

　　请重新站在支付过的钱的立场上，想一想你的钱到底去了哪里。

如果在连锁餐厅用餐，你付过的钱就会流向企业，转化为企业内部市场部门的宣传费、工厂机器的维护费用等，也就是说你的钱付给了企业。如果是个人经营的店铺，你支付的费用就会直接到店主的手里，这也是对主厨的能力和积攒下来的经验值的回报。当然，店主会用这些钱精心采购食材或更换新的桌布，主厨也会为了提高菜品水平反复试验，你支付的钱就成为这些成本。

你觉得哪一种去向更能让你感到开心呢？这个问题的答案显然是因人而异的，重要的是我们要意识到金钱的去向。如果你觉得付钱是向收钱方表示"我想支持你"，每天的消费行为或许就会发生些许变化。

最近，在一些高端超市里经常能够看到附有生产人员照片的商品。比如一些有机蔬菜的包装袋上贴着照片，写着"这些生菜是我种的"。我觉得将金钱的去向可视化，是一种非常好的趋势。

像这样，对商品流通环节和商品的可追溯性比较敏感，就能拥有选择金钱去向的能力。

虽然上文以购物为例进行了说明，不过我更希望大家能够把思考金钱的目的地这一方法运用到资产管理中。

想象一下，把钱存在银行里，这些钱的目的地是哪里呢？今天早上你在地铁站的自助存取款机里存的钱去了哪里呢？也许你会觉得：我银行账户里的余额增加了，所以目的地不是我自己吗？事实并非如此。

银行这种金融机构是通过使用我们的存款来获取利益的。也就是说，把钱存入银行的那一刻起，你的钱就被用作企业的贷款或购买债券的本钱了。

我见过很多人"害怕投资，所以只储蓄"。其实哪怕只选择储蓄，也会在无意中参与投资。

想想金钱的目的地，是不是觉得原本与自己无关的投资离自己更近一步了呢？

习惯 19

"钱"不琢不成器

在习惯 18 中，我提到了要对金钱的"目的地"保持敏感，还谈到了我们在银行里的存款其实变成了投资的本金。

相信大家现在已经有了这种意识——我们支付出去的、存进银行的钱不会停留在某处，而是到了其他地方，用于支援别人或是参与到投资活动中。

与此同时，我希望大家能认真考虑一下投资的事情。

说到投资，可能很多人会敬而远之，认为这是只有具备专业知识背景的理财高手才能做的事情。实际上，来我这儿学习理财知识的女性学员也经常会说："虽然我对投资有兴趣，但是什么都不懂啊。"

我们花的钱都是有目的地的，以此为基础，让我们更简单地来看待一下这个问题。其实，所谓投资，就是为所有的钱选择去向。

玉不琢不成器，同理，"钱"不琢也不成器。如果因为家里是安全的，在家里不会受伤，就把孩子关在家里，孩子就会失去成长的机会。

见识广阔的世界，广泛积累经验，得到一次又一次的成长。正如锻炼一个人使其成长一样，请给你的钱一个成长的机会。

之前说过，你像往常一样在自助存取款机里存的钱，会被银行用作本金，最后被别人用来投资。所以，不如自己有意识地决定金钱的目的地。怎么样？有没有跃跃欲试呢？

如何才能让宝贵的钱"成长"，然后"学成归来"呢？

像选择升学、留学、实现自我价值的工作，或者像挑选一个能够提升生活质量的环境一样去投资，就会降低心理门槛，以一种雀跃的心情开始投资。

用这样的心态看待投资，不仅能收获快乐，还能让你的金钱增值。想要搞清金钱的增值点，就要想想哪个领域的前景不错，为此必须要伸长你的"天线"来收集信息。

如果是初学者，可以从比别人更擅长且喜爱的领域开始深入挖掘。

假设你是一个化妆品爱好者，美容杂志读得比朋友多，也更了解新产品的信息。如果你注意到某种具有划时代意义的美容成分受到世人瞩目，请调查一下这种成分的开发公司和独家销售公司。

如果是自己擅长且喜爱的领域，调查也会变成一件乐事。如果调查后发现那家企业独具特色、前景大好，而且已经上市，那就可以试着用适当的资金来买些股票。

这就是自己选择金钱走向进行投资的方法。如果是自己喜欢且认可的股票，即使投资失败了，也能吸取教训。从而进一步分析失败的原因和自己选择时忽视的环节，还要想一想如何才能成功，然后进一步学习。

如果觉得自己没有什么特别感兴趣的领域，或者觉得一开始就独立选择会感到不安，也可以去证券公司的窗口咨询一下。但是，"即便没太听明白，别人给我推荐了这个所以就买了"的做法肯定是错误的。

这样不仅无法锻炼选择金钱去向的能力，万一最后希望落空了，你只会把错误归结到别人身上，而不会自已去思考：为什么没有达到我的预期。这种学不到东西的投资，只是一种单纯的赌博行为罢了。

以上举的例子是大家比较容易理解的股票。事实上，用于投资的钱大致有五种去向，即股票、债券、不动产、商品、外汇。让我们考虑一下，要通过哪种形式让我们的钱得到历练呢？

我大致解释一下这五种投资。

· 股票投资

股票投资，就是给某个公司投资，购买前景好的公司的股票进行投资就是股票投资，公司获得利益后按配额分配股息。随着股价本身的涨跌，投资也会出现盈亏，无法保证能够收回本金。

· 债券投资

债券投资，是通过借钱给别人赚取利息。具有代表性的是国家发行的国债。与股票不同，债券不仅能赚取利息，到期后还会归还本金，是一种比较稳健的投资方式。

· 不动产投资

不动产投资以土地和建筑为投资对象。有两种盈利模式，一种是在房价上涨时卖出获得利润，另一种是把房子租给别人收取房租。

·　商品交易

商品交易是对买卖的商品进行投资，例如原油、黄金、大豆等，主要是预测商品价格的期货交易。虽然商品交易可以轻松地在网上进行，但是商品价格本身难以预测，波动较大，对于初学者来说其实很难操作。

·　外汇投资

在购买外国股票和债券时，需要换汇。人民币升值或贬值，货币汇率每天都会发生变化，外汇交易投资获取的就是这个过程中的差额利益。

我想顺便提一下信托投资。信托投资正如字面上的意思，归根到底还是裹着商品的外壳，将股票、债券、不动产等各种形式杂糅在一起的投资形式，所以不列入上面的分类当中。

如果把这五种去向作为五个单独存在的"岛屿"来描述，大家就更加容易理解投资了。债券这座岛屿天气不错，股票的岛屿却可能在下雨。"接下来哪个岛是好天气呢？"向值得信赖的天气预报员（＝投资专家）寻求一些建议，再试着自己去解读一下气象图（＝海外新闻等信息），就能锻炼自己的投资能力。

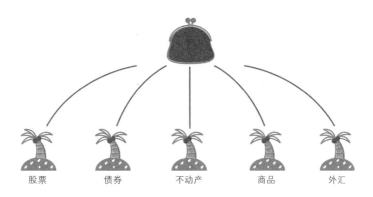

图4　投资的五种形式

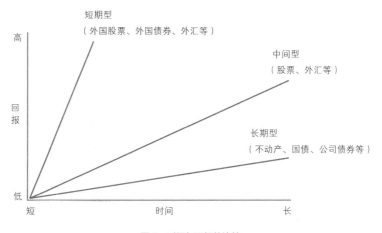

图5　时间与回报的比较

我想再次强调一下，最应该重视的是自己喜欢且擅长的领域。

计划去海岛旅游的时候，你一定不会选择宣传册上没看过、没兴趣、无法想象旅游环境的岛屿。同样的，可以用这种感觉来进行投资。

这五种投资仅供参考，每个人赚钱的目的、志向、性格不同，也会有适合与不适合的情况出现。

不论风险高低只想尽快获得收益的人，适合选择短期投资（成长股、外国债券、外汇等短期就能有结果，但风险较高）。

与此相反，希望尽可能降低风险，使投资获得长期稳步增长的人，则适合选择长期投资（不动产、国债、

公司债券等。通过长时间的投资获取收益，风险较低）。追求风险和回报适度，能够延伸自己的喜好和擅长领域而进行投资的人，金钱嗅觉灵敏，可以选择中间型（股票、外汇等）。

请根据自己的目的和志向来选择适合你的投资方式。

专栏 3

一直租房还是买房？
优质生活的居住计划

"暂时还没有结婚的打算，也可能一直单身。是不是应该自己先买个房子呢？"

在越来越多的人选择不婚或晚婚的当下，经常有人问我："是该租房，还是买房呢？"

那么，投入大量资金购房意味着什么呢？如果我们认真思考一下，就能理解为两种意义。第一，买房意味着拥有了无论何时都能安心居住的空间。第二，买房意味着拥有了不动产资产。

拥有居住空间，意味着只要还清贷款，就拥有了一个属于自己的避风港。

现代社会大多数女性都比男性更长寿，因此不论结婚与否，都有很大的概率会一个人度过晚年，自己走完人生的后半程。在晚年的独居生活里拥有一套属于自己的房子，可以过得非常安心。

　　如果一直租房的话要付一辈子房租，所以这两种方式还是有很大区别的。

　　即使现在每个月支付 5000 元房租的压力并不大，也有必要计算一下在退休后是否每个月还能付得起。假设 60 岁退休，一直活到 80 岁。在这 20 年里，每个月都要支付 5000 元房租（房租不涨的情况下），一年就是 6 万元。也就是说，必须要支付 6 万元 ×20 年 =120 万元的房租费用。如果房租以每年 10% 的幅度上涨，20年的费用大概在 344 万左右。

　　所以，从控制每个月的支出以及总支出来看，趁着年轻买一套房子，在退休前还清房贷，是更让人安心的做法。

　　请注意，重点是在退休前还清贷款。在一些房屋买卖的广告和中介公司的估算中一般设定的是"贷款 30年"，这只不过是一种假设，即 30 岁购房，60 岁退休时还完贷款的模式。30 岁购房需要贷款 30 年，40 岁购房则只能贷款 20 年。因为购房是大型购物行为，所以大家一定不要被这些基本的数字所欺骗。

读到这里，有人可能会觉得果然还是应该提前把房子买好。但是从选择一种生活方式的层面来看，租房也有很大的优点。主要来说就是灵活性。租房意味着任何时候都可以轻松更换住所。跳槽或是工作场所的变更、结婚、生子、孩子升学等，人生有很多转折点。如果需要更换居住地，租房的人无论何时都可以随时搬家，这是租房非常大的优点。

另外，房子从购买之日起就开始耗损。而如果是租房，就可以轻松住在拥有最新配置的房屋里。

假设一位女性经历了结婚生子，最终一个人安享晚年。我们需要设计一套方案，既能带来自己有房才有的安心感，还能兼得租房才能享受的自由。

下面所列举的仅供参考。

· 20 ~ 30 岁的单身期

购买一套上班方便的一居室住宅。

- 结婚生子

以夫妻双方名义购买一套接近市中心的三居室住宅。出租以前的一居室住宅赚取房租，可以用房租还贷款（这样既减少了负债，又增加了资产）。

- 孩子升学

搬到孩子的高中附近，度过三年租房生活。把三居室的房子租给其他家庭，以租还贷。孩子上大学后，父母可以搬回三居室的房子享受二人世界。

- 晚年、丈夫去世后的独居生活

这时两套房子的贷款已经还清。因为只有自己一个人，可以搬回一居室的房子。把三居室的房子租出去收取房租，用以贴补生活及养老。如果生活难以自理，可以把两套房子卖掉，用这笔钱选择一家养老院。

大家感觉如何？是不是觉得这是一种灵活且从容的生活方案呢？即使遭遇了离婚、失业等人生变故，无法在夫妻双方共同购买的房子里继续居住，因为有自己单身时买的房子，也能最大限度地规避风险。

这个例子有一个重要的前提，那就是你买的房子应该是适合住、适合租、适合卖的优质房屋。

如果无人租、无人买、住起来也不方便，那么房子只能成为你的束缚。

住宅，说到底还是丰富个人生活、促进人生发展的物件，而不是束缚人的累赘。希望我们在制订住宅计划的时候无论如何都不要忘记这一点。

我想告诉大家一个选购优质房产的知识，即"200倍[1]房租法则"。

这个法则的具体内容是什么呢？如果房子的销售价格低于同等条件住宅的月租的200倍以下，就可以说购房更加划算。如果超过了200倍，则租房比较合适。

举个例子，心仪的房子售价是3000万日元，接下来在网上的房产信息里搜索一下同等条件住宅的房租。如果月租为18万日元，18万×200=3600万日元。3600万日元>3000万日元，所以买房更合适。

这里的"200倍"是基于不动产投资领域中租房回

---

1 这里的"200倍"法则，是基于日本的房地产市场以及投资回报率做出的判断。读者可以根据自己所在城市的房地产市场以及期待的投资回报率计算后判断。——编者注

报率为6%的条件设定的，所谓"租金回报率"指的是预期租金收入与房屋购买价格的比值。

到底什么样的房子可以长期丰富我们的生活呢?

以长远的眼光好好思考一下这个问题，是制定幸福居住计划的第一步。

第四部分

女人该如何扩展自己的
人生轴与金钱轴

習惯 20

成为关心他人支出和时间的女性

如果你有这样的想法：想和珍贵的朋友、恋人构建良好的关系；希望受到领导的赏识和重用；希望能够被周围的同事们信任……那么，我希望大家能够不断提高自己关心他人支出的意识。

举几个例子，看看你自己"中枪"了没有。

· 在餐厅点餐时，一听到对方要请客，立刻就点比较贵的菜品。

· 平常一定会走着去的地方，知道公司可以报销出租车费，想都不想就打车去了，甚至打车到了更远的地方。

· 跟朋友借钱吃午餐，说着"明天还你哦"，结果到现在都没有还。

· 自由行的时候会尽量选择特价机票，但是公费出差的话，不比价就把机票买了。

如果你有过以上任何一种行为，就说明你有必要稍微锻炼一下对于他人支出的敏锐度了。

　　问题就在于你对自己的钱和对别人的钱所持有的态度截然不同。自己的钱明明想尽办法省着花，用别人的钱却大手大脚。这些行为都被别人一一看在眼里，慢慢地就会影响别人对你的信任度。

　　特别希望大家能够重视的是借钱和还钱。朋友之间借钱充其量也就是一两百元，最多不超过 1000 元。然而，小钱不及时还，失去的可是巨大的信任。

　　如果对方发现你一而再再而三地借钱却不还钱，哪怕只是一顿午餐钱，或者几次下午茶的钱，久而久之，对方就会想要和你断绝往来。

　　跟朋友借钱不需要支付利息，有的人就怠慢了还钱的事。但是请不要忘记，跟朋友借的钱附加了很高的信用利息。有借有还，再借不难。这是不可动摇的原则。

　　对待他人的时间也是同样的道理。

　　不，应该说时间反而更加贵重。我们的人生是有限的，哪怕你是一个长寿的人，现在的每一分每一秒也都在流逝。

尤其女性比男性更爱聊天，所以请格外注意这一点。我们经常会跟朋友商量一些事情，占用了朋友的时间，却重复着没有结论的交流，对朋友提出的建议也是心不在焉。结果既没有采纳朋友的建议，也没告诉朋友最后事情到底怎么样了。来之不易的友情变得岌岌可危，是非常令人遗憾的一种行为。

我一般会尽量通过自己的思考来得出结论，在自己无法解决、不得不请求他人帮助给出建议的时候，我都会本着一定要接受对方建议的前提，然后再向合适的人请教。

想象一下，因为商量事情而占用了对方几个小时，原本在这些时间里对方能做多少事情呢？这样想一想，自然就会绷紧神经，意识到自己必须要采取和对方牺牲的时间价值相当的行为。

在占用他人的时间时，就应该担负起相应的责任。我认为，抱有这样的态度来面对对方才是真正地为彼此的时间负责，才能有效地解决自己所面临的问题。

关心他人的支出和时间，这种方法在工作中也非常重要。因为是公司的经费就挥金如土的人，绝对不会获得公司委任大型项目的机会；毫不在意时间，拖拖拉拉地加班的人，只会得到一个工作效率低下的评价。

公司经费涉及公司利益，能够节约使用公司经费的人和能够下功夫在短期内做出成果的人，会慢慢积累别人对自己的信任，形成一笔个人的无形资产，推动着未来收入的增加。

小事中蕴藏着大道理，这种方法会让你在不久的将来收获丰硕的果实。

习惯 21

坠入爱河，也要提高财商

恋爱的形态因人而异。如果你期望的是双方加深信任，共同成长，最终能够共度一生的恋爱形态，就有必要提前认清双方在金钱观方面的匹配度。

金钱观的表现形式极其简单，一个人使用金钱的方式就能体现出一个人的金钱观。把钱用在什么地方，能够如实地反映出一个人对生命中的各种事物的真实排序，从而反映出他的价值观。

仅仅关注现有收入的多少是不够的，了解对方在日常生活中把钱用在什么地方是看清一个人金钱观的要诀。然后再与自己的金钱观进行比较，或多或少会发现一些不同之处。

- 比如奖金的使用方式，你提议两个人去旅游，男朋友却说："算了吧，我想买之前一直想买的音响设备，还是不要去旅游了。"

- 男朋友说："为了考资格证我想报一个函授课程，学费需要 2 万元。"而你条件反射地回答道："这也太贵了吧，还是存起来更好。"

- 约会的时候去看电影，距离电影开始还有 1 个小时，男朋友提议："电影院附近有一家环境很不错的咖啡厅，咱们打车去喝杯东西吧。"而你却说："打车太浪费钱了，咱们慢慢走着去吧。"

上面这些两个人合不来的情况其实都是金钱观不一致造成的，双方对于把钱用在何处的价值观未能达成统一。

这种金钱观的匹配度也是构建伴侣关系时的重要因素。因为把钱用在什么地方的价值观直接影响着一个人选择生活方式的人生观。因此，当你想要与对方构建并保持长久的恋爱关系时，我强烈建议大家能够有意识地观察双方在金钱观上的匹配度。

相信一定会有人问："万一发现我深爱的男朋友和我的金钱观有着很大的分歧，我们就只能选择分手了吗？"

我的答案是：不，未必如此。

如果你想要一直和他在一起，可以努力地使你们两个人的金钱观达成一致。如果真的特别喜欢对方，自然也能心甘情愿地调整自己以符合对方的价值观。

　　举个例子，男朋友的用钱水平非常高。这里的"高"说的不是收入高，而是用钱方式的水准高。他并不是挥霍无度的人，而是能够在关键时刻毫不吝啬地拿出钱的男性。他会在旅游的时候慷慨出钱去体验独一无二的高级料理，或者购买一支能够用上很久的钢笔，或者为了提升自我而购买大量书籍，报名参加昂贵的课程……多多学习对方这种对于重视的事物毫不动摇的态度，你自己使用金钱的方法也会有所进步。

　　当然也有相反的例子。对方用钱的方式并不稳定，还会经常冲动消费。这时，如果让对方看到你使用金钱的方法，或许可以引导对方改善自己的用钱方式。当然，一定要注意自己的消费水准不要被对方影响。

　　此处的关键词仍是双向思维。请站在对方的立场上，想一想"为什么他想把钱用在这上面呢"。

　　我们回到前面说的看电影时打车喝咖啡的例子上，花钱打车能给他带来什么呢？他一定是想带你到有格调的咖啡厅，和你度过幸福的二人时光。以他在日常生活中的价值观来看，用金钱购买时间是非常合理的行为。

此外，金钱观不一致很容易使你对对方抱有不满的情绪，但对方可能同样也对你抱有不满。时常以客观的视角来看待问题，思考"他是怎么看待我的金钱观的呢"，你的行为就很有可能会发生改变。

从对方的金钱观中学习对方对待金钱的方式，同时磨炼自己的财商。以这种意识构建两个人的伴侣关系，不仅能从整体上提高自己在日常生活中与金钱打交道的能力，还能提升你的个人高度。

坠入爱河的时机，也是磨砺财商的时机。如果能够收获一段使自我成长、使人生受益的恋爱，那自然是再好不过的事情了。

习惯 22

想象一下你的最低生活支出

欲望会促进人成长。"想要过上更好的生活""想在工作中表现得更加出色""想要遇到更好的人"——这些欲求促进了我们的成长。

<u>但是对于金钱，我们要善于控制这种"欲望"，这是能够使我们愉悦生活的重要技巧。</u>

假设一个月薪 1 万元的人在被问到"你一个月挣多少钱会满足"的时候，给出的答案是 2 万元。那么，当月收入真的达到 2 万元，再面对同样的问题时，又会给出怎样的回答呢？相信对方绝对不会回答"现在的收入我已经满足了"，而是会给出一个更高的数额。

有了钱，任谁都会觉得安心。但有了 10 万，还想要 100 万，而有了 100 万，又会想要 1000 万，人们对于金钱的渴望是永无止境的。

究竟怎样才能得到满足呢？答案就是接下来要介绍

的方法：想象一下你的最低生活支出。

回想一下自己每天的生活，试着想象一下维持自己生活的最低支出。

重点是从金钱流量的角度来考虑，即思考月收入多少才能生存下去，而非从存量的角度，即让人安心的存款数额进行思考。我们的生活是由日常支出积累而成的，所以通过收支平衡来计算最低金额是最符合生活实际的方法。

话说回来，你能立刻计算出自己的最低生活支出吗？为了给出具体金额，让我们这样想一想：

当你一个人（如果有其他家庭成员就和家庭成员一起）移居到一片完全陌生的土地上，在一切都需要从头开始的时候，你觉得能够维持生存的最低金额是多少呢？

已有的物品可以继续使用，重新环视一下家里，生活必需品应该早已囤好了，睡觉的床也有了，一年四季的衣服基本上也够穿。那应该选择什么样的房子呢？如果说现在住的二居室月租是 6000 元，那么到了新地方最小要选择多少平方米的房子呢？月租 3000 元的一居室可能就够了。外出用餐控制在每周两次以内，剩下的时间都自己下厨，这样大概可以节约 30% 的餐费。服饰的话穿自己现有的就可以了，可以将其视为穿衣的最低标准。像这样，在灵活使用已有物品的前提下思考一个月的最低支出，就能掌握维持自己生活的最低收入。

这样一来，就能明确自己的"满足底线"。只要找到自己的满足底线，就可以获得安心感，不必再为此而烦恼。

本节开头给出的例子中，月收入 1 万元的人的满足底线可能是 8000 元，差额的 2000 元其实是在满足底线的基础上让生活更加幸福的费用。也可以将其视为提升自身幸福感，为自己的未来进行投资的费用。算出最低金额后，对收入 1 万元的看法也会发生翻天覆地的变化。

如果知道了自己生活的最低金额，大胆挑战就变成了一件容易的事。

我在创业或迎来其他人生转机的时候，经常会思考最低生活支出，这样能够收获明确底线的安心感，也能以此为动力不断进行挑战。

我们不知道自己的人生会发生些什么。但是，如果提前了解了能够保证维持生活的最低支出，就不会再盲目焦虑了。

　　试着掌握这种方法吧，它能够让我们找到令自己舒适的定位，也能够为我们创造不断挑战的环境。

习惯 23

如果感到迷茫，就为自己投资

每当我们要用钱的时候，其实是在以自己的意志做出选择。而这些选择都与我们的未来有着密不可分的联系。

吃进肚子里的食物，会转化为人体所需要的营养素，直接影响一个人未来的健康与美丽；周末看一部电影，留存在心里的情景和女主人公的经典台词能够磨砺观众的审美意识，也会对今后的生活产生或多或少的影响。

因此，把钱用在什么地方是一个非常重要的课题。

如果觉得二选一是个难题，不妨选择可以对自己今后的成长有所帮助的那个选项，把钱花在这种"选择"上，为自己投资。

投资，就好像面对未来持续进行的屈伸运动，很难立刻感受到效果，偶尔还可能会有些痛感。然而，它能够切实地锻炼到你的肌肉，这种准备活动可以让你在时机成熟的时候高高跃起，这就是投资。

举个例子，在制订旅游计划时，是选择已经去过几次的夏威夷，还是选择没去过的北欧国家呢？如果感到迷茫，就请选择能够提升5年后、10年后的自己的那个选项。或许你的脑海里会浮现出新的计划：既然夏威夷已经去过很多次了，可以尝试挑战一下不用导游，自己与当地人进行沟通。

跳槽也是人生中很难做出选择的一个大问题。

是选择收入比现在高却不太能够感受到价值的工作，还是选择收入比现在低但是更加有趣的挑战性工作呢？

从提升财商的角度来看，还是应该选择有趣的、具有挑战性的工作。

所谓"有趣的工作"，指的是能够使我们长时间保持积极态度投身其中的工作。"具有挑战性"指的是具有成长机会、加薪的可能性较高。

换言之，即使现在给出的报酬不多，未来也有很大的可能性可以充分获得本应属于自己的报酬。

此时，希望大家可以结合前面习惯 22 中介绍的
"最低生活支出"一起考虑。以明确最低生活收入的底
线为前提，判断标准会更加明晰，大胆挑战也不再是一
件难事。

此外，拥有"BS 感"会比"PL 感"更能帮助你为
未来的自己进行投资。

估计突然出现的英文字母会让大家有些疑惑：PL？
BS？"PL（Profit and Loss statement）"其实是会计用语，
指的是"损益表"。在这个表上能够反映出收入与支出，
以及收入减去支出的净收益，用以管理资金流向。"BS"
是"Balance Sheet"的缩略语，即资产负债表，用以掌
握资产总额减去负债（借款）后的净资产。

普通的家庭支出管理大多依靠 PL 感，控制支出不
超过收入，以节约为目的。如果想要进一步提高自己的
财商，关键在于培养 BS 感，即提高自己的净资产意识。

提到资产，大家首先可能会想到的是存款和不动产
等金融资产，但其实还有比这些更加重要的事物。那就
是它们的源头——即自我能力与市场价值的提升带来的
"无形资产"。

成长为能够对社会做出更大贡献的人，与"提高净资产"息息相关。例如，为了提高个人技能去学习英语的学费，在 PL 上表现为支出，但以 BS 来考虑的话，则是提升无形资产的经验。

　　如何使用金钱能够增加我的资产呢？请带着这个问题来看待自己每天使用的金钱。

　　在意识到这种 BS 感之后，就能更加积极地为未来的自己进行投资了。想要尽情用钱的时候，大多数情况下也会用 BS 感来判断这种想法是否合理。看到这里，你是不是感觉跃跃欲试了呢？

　　比起 PL 感，BS 感更加重要。这是能够促进自我成长的关键词，请大家一定要记住。

习惯 24

立刻把自己从现在和未来的双重焦虑中解放出来

我发现很多女性会因为金钱问题而感到焦虑。

到了 35 岁左右，工作还算顺利，不论结婚与否，生活也还算比较满意。然而还是有很多女性会感到不安：如果真的有什么万一，自己的生活是否还能继续下去呢？

深入发掘这种心理的实质，可以发现她们的心里有两大焦虑因素。一种是对当下的焦虑：如果因为失业、离婚或其他的变故导致现在的收入和生活突然中断了怎么办？还有一种则是对未来的焦虑：自己的晚年生活是否有保障？

之所以会陷入这两种焦虑，其实是因为社会上的各种信息在煽动、影响着我们的情绪。

电视、杂志等媒体经常会出现这样的内容：仅靠养老金是不够的！你的晚年生活有保障吗？而谈到晚年生活需要准备的资金时，少则一百万，动辄三五百万，数额之大让人瞠目结舌。

希望大家能够痛痛快快地把自己从这两种焦虑中解放出来，为此，我们只需要认真、具体地思考一下。

首先我们要明白一个大前提：晚年生活需要的费用是因人而异的。只要掌握了习惯 22 中介绍的维持自己生活的最低金额，也就是"最低生活支出"，应该就可以简单地算出自己需要的养老费用。

假设你今年 30 岁，最低生活金额是 5000 元[1]。现代社会有延迟退休的趋势，我们假定你需要工作到 60 岁退休，寿命为 80 岁。

那么晚年时光就是从 60 岁到 80 岁的 20 年。12 个月 ×20 年 =240 个月，乘以每个月的最低生活金额，也就是 5000 元 ×240 个月，即 120 万元。换言之，晚年拥有 120 万元是足够的。

在退休前还清房贷，晚年就不需要再支付月供了。将这些支出压缩之后，就会发现实际需要的金额其实并没有这么多，所以上面算出的数额是有富余的。

1　此处假设的是消费水平较高的城市，可根据自己生活的城市做出相应的估算。——编者注

120 万元可能会让你心里一惊。"我现在的存款远远达不到这个数啊!"请先不要急,因为这些钱并不是此时此刻就需要,在 60 岁之前准备好就可以了。从 30 岁到 60 岁一共是 30 年。也就是说,在长达 30 年的时间里一点一点积攒就可以了。30 年 × 12 个月 =360 个月,360 个月存 120 万元的话,平均下来每个月大约需要存 3333 元,每年存下 4 万元就可以了。如果再配合各种理财方式,用不了 30 年,你就可以轻松攒下 120 万元。

也就是说,从这个月开始,每个月只需要攒下 3000 多元,晚年生活就能有充分的保障。

为了把自己从金钱的焦虑中解放出来,不局限于当下,具备时间感也是非常重要的。

在日常生活中,我们经常会被养老费用过度束缚,结果导致自己错过了很多只有当下才有的挑战机会,可以说是非常可惜也令人遗憾。养老费用只要在晚年生活来临之前准备好就可以了,如果已经开始行动,每个月存下几千块,自然也就不必再对晚年生活感到焦虑了。

具体考虑过后,不会再将自己囚禁于对晚年生活的焦虑之中,就能够沉下心来享受独一无二的现在,勇于挑战新鲜事物，不再怯懦。

　　另一种焦虑则是对当下的焦虑。其实在为了解决对于晚年生活的焦虑而做出行动时，这种不安也就随之消失了。那么，为了消除对当下的焦虑准备多少钱比较合适呢？每个人的生活方式不同，消费习惯不同，给出的答案自然也不同。但我觉得即便是遭遇失业等不可控的情况，最多在一年内应该也可以重新找到获取收入的途径。

　　现在我们已经知道，如果需要的最低生活金额为5000元，那么一年12个月就是6万元，有了这6万元，就可以消除自己对当下的焦虑。像这样，只需要将含糊笼统的焦虑通过明确的数字可视化，我们的心情就能够平静下来，并且为此做好规划与准备。

　　这里的6万元只需要从每个月存下的养老资金存款计划中准备就可以了。对当下的焦虑其实是对突发情况时应急资金是否充足的一种焦虑，如果生活中没有遇到突发情况，就可以把这笔钱存起来。

　　这样算下来，为了排解当下的不安需要攒下6万元，每个月攒2000元的话2年6个月就可以完成目标。从

30 岁开始，每个月攒上 3333 元，依照前文的计算方法，到了 60 岁攒下的存款足以排解对晚年生活的焦虑。

请你以自己的最低生活支出算出实际需要的钱。了解了消除两种金钱焦虑的方法之后，是不是觉得心情都变得舒畅了呢？其实，只要把焦虑的问题可视化，把解决方案具体化，从这个月开始行动起来，你就不会再为晚年生活的资金发愁了。

勇于接受当下仅有的挑战，体会属于此时此刻的幸福，把想要尽情学习、感受的事物放在第一位，好好珍惜现在的自己，活在当下。

習慣 25

描绘自己 10 年后的理想生活

我在前文曾说过，在了解自己的最低生活支出之后便能够不再被束缚、展翅高飞，但是说到底，这始终是作为下策的"最底线"。

在这一节内容中，我希望大家能够养成这样的思维习惯：不被当下的收入困住手脚，能够不受拘束地描绘出自己想做的事情与自己的理想，勾勒出一幅"梦想蓝图"。

人们的行为活动往往只局限在自己能够想象出的界限以内，但人生会因意想不到的惊喜而更加丰富。如果限制自己能够达到的界限，就无法享受这种乐趣。

事实上，越是对金钱严谨的人越不擅长描绘梦想蓝图。

保险公司在说明保险产品时经常使用的"人生计划

表"就是一个非常典型的例子。以现在的收入为基准，在 × 岁结婚，在 × 岁生子，孩子在 × 岁独立……人生计划表就是根据一般的人生模式来制定一生的预算。

乍一看，今后似乎可以放心了，但越是缜密地制定出安然度过一生的计划，生活就越容易被框架所束缚。你会害怕遇到计划以外的挑战，渐渐难以应对预想之外的转折点，人生就成了定式。我将这种现象称为"人生预算限制"。

自己的人生被自己束缚住是很可惜的一件事。如果你也有这样的感觉，那么我建议你描绘出自己的梦想蓝图。

要做的事很简单。只需要一边想象自己 5 年、10 年后的生活，一边罗列出自己想做的事，把这些令人兴奋的梦想写下来就可以了。

可以把它们写在平日经常使用的笔记本或目所能及的便签本上。用图画来描绘的话会更加具体，但是只用文字记述也是可以的。

在意大利的足球联赛——意大利甲级联赛中活跃的本田圭佑球员就是在小学的毕业文集中具体地写下了自

己以后的梦想，最终实现了梦想。

　　以世界体坛的运动名将为例，能够成功的人似乎都具备描绘梦想的能力。此外，不仅仅是拥有梦想，他们还有着将其作为目标不断奋斗、实现梦想的能力。描绘梦想是任何人都能做到的事情，也不需要花费金钱。虽然不花钱，今后的行为却会切实地发生改变。

　　我每天都会"记录"自己的梦想蓝图。现在已经写了很多了，也有已经完成后划掉的一些构想。因为自己的梦想是完全取决于自己的，所以不要在意别人的想法，这也是描绘梦想蓝图的重点。

　　现在的我会以纯粹的心情面对自己，记录下自己真正想做的事情。在记录的时候，完全不需要考虑现实生活中金钱、工作等限制要素，只需要发挥自己的想象力就可以了，这会是一段非常快乐的时间。

　　我的笔记本上罗列了这些"梦想"：

　　"去北极圈看极光。"

　　"登上富士山山顶。"

　　"能够用毛笔漂亮地写出自己的名字。"

　　"自己设计阳台上的铁丝栏杆造型。"

"在客厅的鱼缸里养水母，悠然自得地观察它们梦幻般的身姿。"

"穿上能够配合不同场合的漂亮衣服。"

"想了解一些关于奶酪的知识。"

......

无论是大的梦想，还是只要有时间立刻就能实现的梦想，只要想起来我就会把它们记在本子上。

同时，我也亲身感受到了梦想改变行动的效果。

我特别想要实现的梦想之一，是在未来的某一天能够在家里建一个音乐工作室，和家人一起演奏一场音乐会。为了实现这个梦想，我最近已经开始学习萨克斯和打鼓了。

凑齐筹备建立工作室的资金估计要花费很多时间，但是为了工作室正式建成的那一天，我决定从现在开始先学习演奏乐器。

<u>迈出小小的一步，就会为生活增添色彩。因为拥有想要实现的梦想，自然而然地就会减少无用的消费。</u>

请心怀梦想的蓝图，不断开拓人生的道路吧！

习惯 26

如同深呼吸一般，
延伸你的金钱轴

　　在之前的章节里，我给大家介绍了能够让女性以坚韧、美好、愉悦的心态来享受人生的理财之道，接下来要给大家介绍的是最后一个方法。

　　请先慢慢地做一次深呼吸，一次深呼吸之后再进行一次，这次要做得更慢。

　　相信大家的心已经静下来了，自己似乎也有能力展望更加遥远的未来了。

　　"如同深呼吸一般，延伸你的金钱轴。"——这句话想要传达的就是这种含义，希望大家能够以同样的感觉来对待金钱。

　　金钱与时间是紧密相连的。不擅长与金钱打交道的人很容易会以"天"为单位来安排资金。提到赚钱的方法，也只会想到"用这个月的加班费做点理财"，这类人的视野仅仅局限在眼前。

拥有高财商的人，能够以更长跨度的时间轴来审视金钱。他们不考虑 1 年后的工资可以涨多少钱，而是考虑为了能在 10 年后达到年收入 50 万元应该做些什么；他们不会去打造现在最流行的商品，而是想要制作出能够畅销 50 年的人气商品。

　　打开思维的格局，看清更加长远的未来，自己的行为自然就会发生变化。这样一来，就会为了能够在 10 年后达到年收入 50 万元学习必需的技能，寻求能够积累经验的机会，决定好每天应该做的小事情以实现大目标。

　　与时间为友，是提高财商必不可少的素养，也是希望大家能够引起重视的最重要的修养之一。这样的人才能够活用技巧，以现在持有的钱作为本金投资自己的未来。

　　然而，现代人总是会不由自主地把自己的视野局限于眼前的烦琐之事中。总是重复着浅呼吸，慢慢地就会忘记要深呼吸去展望更远的未来。

　　有意识地延伸我们的时间轴，获得更加具有"宽度"的时间。无论是在家里还是在其他地方，只是在意识到的时候用 5 分钟做深呼吸，调整自己的心态，就会发生不一样的变化。

我偶尔会去看海。或许是因为我生长在海边的缘故吧，仅仅是看着一望无际的海平线，就觉得自己终于从琐碎的杂念中挣脱了出来，也延长了自己的时间轴。

也许，只有将自己置身于这样的环境中，才能够有效地使我们感受到自己的渺小，也能真切地感受到世界之宽广。

你也可以选择透过高层建筑的窗户眺望远方的景色，或是在阳台上仰望浩瀚星空。

现在的我们，站在未来给予我们的时间之路的一端。金钱为我们引航，它不仅偶尔会为我们拓宽道路，还是与我们共同迈向光明未来的同行者。至于是否要相信这位同行者并与其为友，则取决于你自己。

当你能够抱有这样的态度时，未来的你一定会光彩照人，散发更加自信的光芒。

专栏 4

成为妈妈后应该了解的"教育经费"和"技能学习成本"规则

养育孩子需要花钱。即使现在没有打算要孩子,想着未来某一天会成为妈妈也会感到焦虑:究竟需要准备多少钱才够呢?

如果已经购买了生育保险就能够获得一次性生育津贴,基本上可以负担生孩子的费用。

不过必须提前准备的是"教育经费"。

通常情况下,一个孩子需要几十万到几百万元不等的教育经费,但这些钱并不是一下子就要支付的,只是一个总计金额。选择的教育路线不同,教育经费也会不同。

孩子从小学到高中一直就读于公立学校,或是从中学开始进入私立学校,不同的选择需要的费用也会有很大差别。重要的是家长在任何情况下都不要"逞能"。我觉得,高中毕业之前的教育经费控制在每个月现金流的可支付范围内是比较稳妥的。

偶尔会听到这种情况："虽然家里经济条件一般，但周围的人都说国际学校的教育水平更高，我们家的孩子当然也要进这样的学校……但是仅靠每个月的收入根本不够付学费的，只能取出一些存款了。"

这种行为其实蕴藏着两大风险。

首先，会导致养老资金准备不足。为孩子的教育花费过多，会导致父母手头拮据，这种情况并不少见。为了不在上了年纪之后依赖孩子，我们应该制订一个均衡分配的计划。

此外，还有可能会导致孩子自身负担加重。如果到了孩子读高中时还需要取出存款来维持学费的话，自然也就难以轻松地保证孩子读大学的费用。

思考一下孩子的成长过程，我认为最能反映孩子自身意志的就是高中毕业后选择未来出路的这件事了。因为没有攒够教育资金，使孩子不得不放弃在理想大学里学习的梦想，是一件非常令人遗憾的事情。

如果实在没有办法的话，也可以通过助学金来支付学费，现在使用助学金支付学费的学生越来越多了。但是，助学金其实是对孩子自身施加的借款（也有不需要返还助学金的制度，但有各种条件的限制）。承担着偿还助学金的义务进入社会，意味着从一开始就要担负起不利因素。这样自然存不下钱，结果还可能会推迟结婚，甚至推迟购房。

做父母的一定要明白，因为过于勉强自己未能提前准备孩子的教育经费，结果可能会给孩子的一生带来伤害。

为了能够全力支持孩子选择未来的道路，在孩子高中毕业之前，家长应该把学费控制在每个月家庭现金流的合理范围内，然后踏踏实实地存下相应的部分作为孩子上大学的费用，这是比较合理的计划。

目标大学和专业不同，大学所在的城市和国家不同，所需要的费用也不同，假设 4 年最少需要 20 万元。为了能够在孩子 18 岁之前存下 20 万元，假设我们从孩子出生起开始存钱，18 年即 216 个月，一个月存 1000 元即可达成目标。

此外，除学校教育成本外还有一个"盲区"，即学习技能需要的花费。

孩子能够学习的技能有很多，例如钢琴、游泳、舞蹈等。相信很多家长是以月为单位准备学费的，觉得自己应该付得起每个月几百块的学费。对于孩子学习技能一事，依照习惯 10 中介绍的与美丽投资相关的内容一样，以长远的视角来计算总开销是很重要的。

　　举个例子，孩子参加每月 300 元的游泳课，算上夏季集训费用和泳衣、泳镜等费用，一年大概需要花费 5000 元。如果持续 3 年，就需要花费 15000 元。试着思考一下：3 年内花费 15000 元是想让孩子获得什么能力呢？

　　技能学习与规定教育课程的学校教育不同，它没有规定的毕业时间。事先决定好毕业时机后再开始学习技能，是能够灵活运用技能的诀窍。

　　比如，在给孩子报名参加游泳课的时候，先与孩子商量好："你的目标是能游 25 米自由泳，学会之后咱们就不学了。"这样可以避免时间拖得太久产生过多开销，孩子自己也能满怀成就感地"毕业"。

结语

财商成就女性魅力

我意识到生财有道是十多年前的事了。理财规划师这个职业在那时还比较少见，当时备考过程中的学习内容成了我归纳生财之道的契机。

那个时候我注意到，通常我们在考虑金钱的时候，一般只会想到"节约""储蓄""收入"这三件事。也就是说，我们在无意间就默认了省钱、存钱、提高收入是正确的理财行为。

估计读完本书的您已经意识到了：事实上，仅仅依靠这三件事，不仅不能掌握生钱的方法，还有可能过上无法摆脱金钱束缚的生活。在这本书里，我多次传达了合理对待金钱的方法。这是让我们能够活出真我，更加自由地享受人生的重要因素。

·不局限于眼前的金钱，为未来的自己进行投资；

·除了自己的金钱，也要用心对待他人的金钱；

·意识到能够使你由内而外焕发光彩的用钱方法；

·以长远的视角与金钱打交道；

·不被世俗所左右，设定自己的判断标准。

这些方法能够为我们的生活带来无限光芒。

"想事业有成。"

"想磨砺自我。"

"想成为自己仰慕的那种人。"

我想，每个人心中都有着理想的自我和憧憬的生活。为了能让这些梦想变成现实，磨砺自己与金钱打交道的能力——"财商"是非常重要的。

不想被金钱左右，渴望享受人生的你；想远离金钱焦虑，心存宽裕的你；想要过上经济独立、精神独立的生活的你。由衷地希望这样的你能够在读完本书后，勇敢地迈出第一步，掌握属于自己的生财之道。

正在为工作和家庭奋斗着的你是优秀的，而这样的你是否要试着认真考虑一下自己的未来呢？我坚信，磨砺财商，能够从内而外地成就女性魅力。

图书在版编目（CIP）数据

高财商女子养成术 / (日) 大竹乃梨子著；刘力玮
译. –– 南京：江苏凤凰文艺出版社, 2021.1 (2022.7重印)
ISBN 978-7-5594-4521-6

Ⅰ.①高… Ⅱ.①大… ②刘… Ⅲ.①女性 – 财务管
理 – 通俗读物 Ⅳ.①TS976.15-49

中国版本图书馆CIP数据核字(2020)第234989号

––

版权局著作权登记号：图字 10-2020-417

「美しく生きる女(ひと)のお金の作法 ささやかな26の習慣で、
お金が貯まりだす」（著：大竹 のり子　監修：泉 正人）
UTSUKUSHIKU IKIRUHITONO OKANENOSAHO
SASAYAKANA26NOSYUKANDE, OKANEGA TAMARIDASU
Copyright © 2016 written by NORIKO OHTAKE, supervised by MASATO IZUMI
Original Japanese edition published by Discover 21, Inc., Tokyo, Japan
Simplified Chinese edition published by arrangement with Discover 21, Inc.
through Japan Creative Agency Inc., Tokyo.

高财商女子养成术

[日] 大竹乃梨子　著　　刘力玮　译

责任编辑	王昕宁	
特约编辑	周晓晗 王　瑶	
责任印制	刘　巍	
出版发行	江苏凤凰文艺出版社	
	南京市中央路165号，邮编：210009	
网　　址	http:// www.jswenyi.com	
印　　刷	天津联城印刷有限公司	
开　　本	880毫米×1230毫米　1/32	
印　　张	5.25	
字　　数	100千字	
版　　次	2021年1月第1版	
印　　次	2022年7月第2次印刷	
书　　号	ISBN 978-7-5594-4521-6	
定　　价	48.00元	

江苏凤凰文艺版图书凡印刷、装订错误，可向出版社调换，联系电话025- 83280257

快读·慢活®

　　从出生到少女，到女人，再到成为妈妈，养育下一代，女性在每一个重要时期都需要知识、勇气与独立思考的能力。

　　"快读·慢活®"致力于陪伴女性终身成长，帮助新一代中国女性成长为更好的自己。从生活到职场，从美容护肤、运动健康到育儿、家庭教育、婚姻等各个维度，为中国女性提供全方位的知识支持，让生活更有趣，让育儿更轻松，让家庭生活更美好。